FORSCHUNGSBERICHTE
DES WIRTSCHAFTS- UND VERKEHRSMINISTERIUMS
NORDRHEIN-WESTFALEN

Herausgegeben von Staatssekretär Prof. Leo Brandt

Nr. 241

K. Leist, M. Pötke

Institut für Turbomaschinen der Technischen Hochschule Aachen

Leistungsversuche an einem Kühlluftgebläse

Als Manuskript gedruckt

Springer Fachmedien Wiesbaden GmbH

ISBN 978-3-663-00754-8   ISBN 978-3-663-02667-9 (eBook)
DOI 10.1007/978-3-663-02667-9

Forschungsberichte des Wirtschafts- und Verkehrsministeriums Nordrhein-Westfalen

G l i e d e r u n g

I.	Einleitung	S. 5
II.	Versuchsanordnung	S. 5
III.	Versuchsstand	S. 6
IV.	Hauptabmessungen	S. 8
V.	Versuchsdurchführung	S. 11
VI.	Meßgrößen	S. 13
VII.	Versuchsauswertung	S. 14
VIII.	Diskussion zu den Diagrammen der Abbildungen 8 - 13	S. 18
IX.	Berechnungstabellen	S. 25
X.	Ermittlung des Betriebspunktes	S. 43
XI.	Zusammenfassung	S. 45
XII.	Literaturverzeichnis	S. 46

Forschungsberichte des Wirtschafts- und Verkehrsministeriums Nordrhein-Westfalen

I. Einleitung

Die im vorliegenden Bericht an einem Kühlgebläse durchgeführten Untersuchungen haben weitgehend Gültigkeit auch für andere leitschaufellose Ventilatoren und einstufige Axialgebläse, die insbesondere als Kühlgebläse die Aufgabe haben, bei verhältnismäßig kleinen Druckerhöhungen (kleinen Förderhöhen) große Gasmengen zu fördern. Der Vorteil der axial durchströmten Gebläse gegenüber solchen mit radialer Bauart liegt darin, daß der Förderstrom kaum eine Umlenkung erfährt, sondern bis auf eine durch die Laufschaufeln erzeugte Umfangskomponente in axialer Richtung die Maschine durchströmt.

Dadurch ist besonders der Einbau des Gebläses in Rohrleitungen leicht durchführbar und die Herstellung wegen der Einfachheit des Gehäuses und des aus nur wenigen profilierten Schaufeln bestehenden Laufrades billig. Bei einstufigen Axialgebläsen ist ein Leitrad in vielen Fällen nicht erforderlich, zumal es nur im Auslegungspunkt die gewünschte Wirkungsgradverbesserung bringt. Das Gebläse der nachstehend beschriebenen Bauart hat die Funktion eines Kühlgebläses an dem im Forschungsbericht Nr. 239 beschriebenen und untersuchten 4-Zylinder-Kompressor LL 50 der Firma Flottmann, Herne i.W.

II. Versuchsanordnung

Das untersuchte Gebläse ist ein senkrechtstehendes einstufiges Axialgebläse ohne Leitrad. Hinter dem gegossenen Laufrad mit 8 Profilschaufeln erweitert sich das Gehäuse zu einem Diffusor. Vor der Eintrittsöffnung befindet sich ein Sieb. Von der waagerecht gelagerten Antriebswelle wird die senkrechte Gebläsewelle über ein spiralverzahntes Kegelradgetriebe mit einem Übersetzungsverhältnis von 1:2 angetrieben.

Die Versuchsanordnung wurde so gewählt, daß sie einerseits den Betriebsverhältnissen des Kühlgebläses möglichst weitgehend angepaßt war und andererseits die Durchführung genauer Messungen gewährleistete. Aus dem erstgenannten Grund kam nur eine Drosselung hinter dem Gebläse ohne Verwendung eines Druckspeichers in Frage. Für eine genaue Bestimmung der Fördermenge bei möglichst kleinem Druckverlust war eine Einlaufdüse erforderlich. Deshalb wurde auf das Gebläse ein Rohr mit einer Einlaufdüse gesetzt. Zur Bestimmung des Zustandes vor dem Gebläse waren in diesem Ansaugrohr ein Quecksilberthermometer und 4 durch eine Ringleitung verbundene Meßbohrungen für den statischen Druck angebracht; ebenso am Austrittsbehälter zur Messung des Endzustandes. Zur Druckmessung wurden wegen der Kleinheit der Drücke Mikromanometer verwendet. Der Antrieb des Gebläses erfolgte über zwei endlose Gummikeilriemen von einem als Pendelmotor ausgeführten Gleichstrom-Nebenschlußmotor. Dieser Motor gewährleistete konstante Drehzahl bei veränderlicher Belastung und ermöglichte eine Drehzahlregelung in weiten Grenzen. Außerdem konnte seine Wellenleistung N_M einfach bestimmt werden durch Drehzahlmessung und Belastung des Hebelarmes mit Gewichten.

III. Versuchsstand

Abbildung 1   Abbildung 2

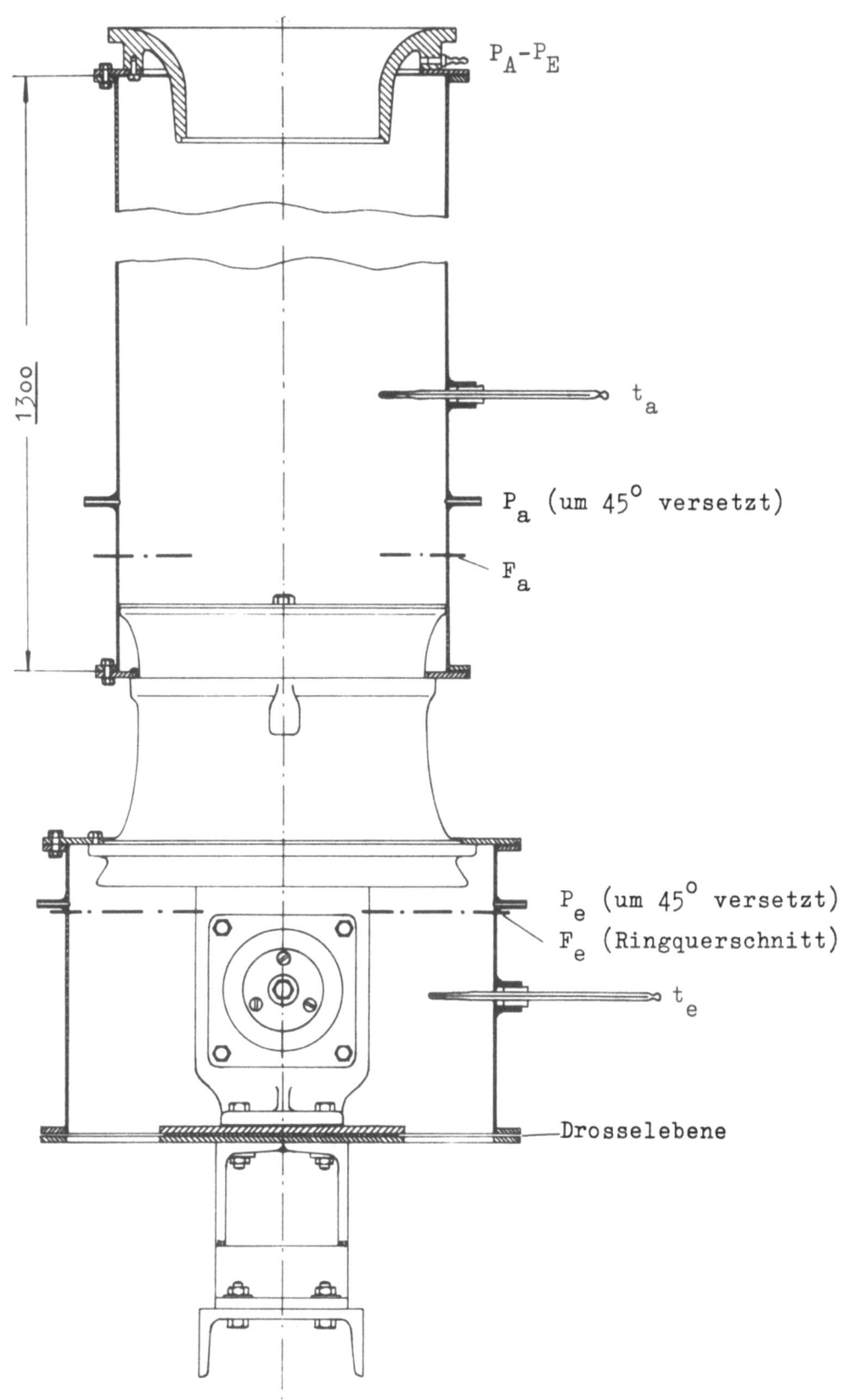

Abbildung 3
Lage der Meßstellen

Forschungsberichte des Wirtschafts- und Verkehrsministeriums Nordrhein-Westfalen

Austrittsöffnung in Drosselebene

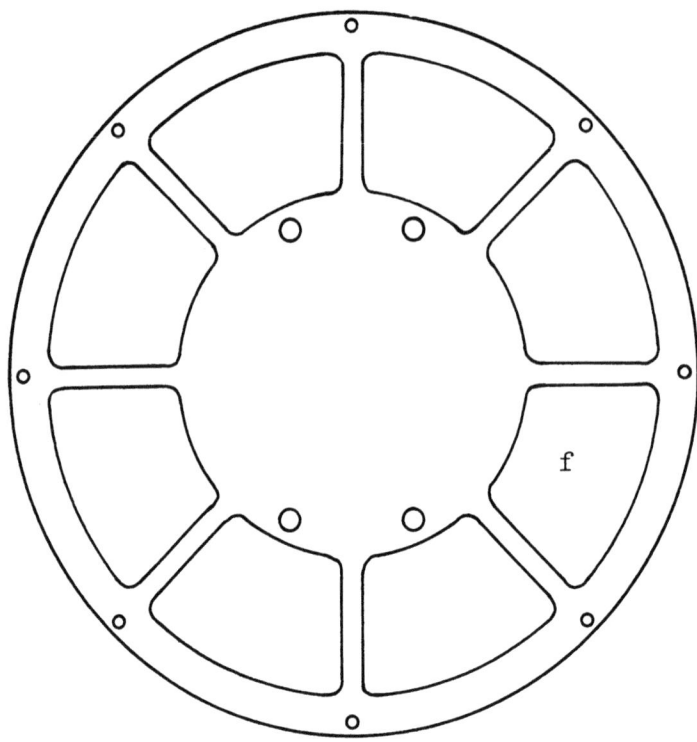

Drosselbleche

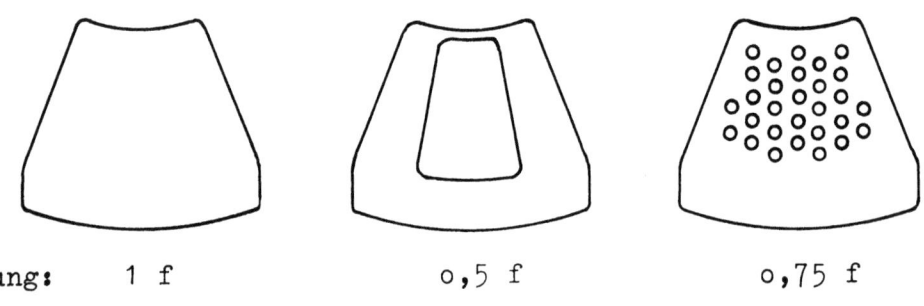

Drosselung: 1 f   0,5 f   0,75 f

Abbildung 4

IV. Hauptabmessungen

1) Laufraddurchmesser $D_2 = 270$ mm
2) Nabendurchmesser $D_1 = 170$ mm
3) Ausblasequerschnitt $F_2 = 0,0346$ m²
   (Querschnitt unmittelbar hinter Laufrad)

$$F_2 = \frac{D_2^2 \cdot \pi}{4} - \frac{D_1^2 \cdot \pi}{4} = 34558 \text{ mm}^2$$

4) Diffusoraustrittsquerschnitt $\quad\underline{F_3 = 0{,}079 \text{ m}^2}$

$$F_3 = \frac{360^2 \cdot \pi}{4} - \frac{170^2 \cdot \pi}{4} = 79090 \text{ mm}^2$$

5) Ansaugrohrdurchmesser $\quad\underline{D = 320 \text{ mm}}$

6) Meßquerschnitt vor dem Gebläse $\quad\underline{F_a = 0{,}0804 \text{ m}^2}$

$$F_a = \frac{320^2 \cdot \pi}{4} = 80424 \text{ mm}^2$$

7) Meßquerschnitt hinter dem Gebläse $\quad\underline{F_e = 0{,}1126 \text{ m}^2}$

$$F_e = \frac{415^2 \cdot \pi}{4} - \frac{170^2 \cdot \pi}{4} = 112567 \text{ mm}^2$$

8) Hebelarm am Pendelmotor $\quad\underline{l = 0{,}5 \text{ m}}$

9) Außendurchmesser der Keilriemenscheibe am Motor $\quad\underline{d_M = 215 \text{ mm}}$

10) Außendurchmesser der Keilriemenscheibe am Gebläse $\quad\underline{d_G = 120 \text{ mm}}$

11) Keilriemenhöhe (Profil 13 x 8) $\quad\underline{\delta = 8 \text{ mm}}$

12) Übersetzungsverhältnis von Motor zu Gebläse (ohne Schlupf) $\quad\underline{i_I = 1{,}85}$

$$i_I = \frac{d_M - \delta}{d_G - \delta} = \frac{215 - 8}{120 - 8} = \frac{207}{112} = 1{,}85$$

13) Übersetzungsverhältnis von Gebläseantriebswelle zu Gebläselaufrad $\quad\underline{i_{II} = 2}$

Einlaufdüse

Die Abmessungen der Einlaufdüse für die Messung der angesaugten Luftmenge sind die gleichen wie bei einer Normdüse 1930. Die Berechnungen und Beiwerte sind aus (6)[*] und (7) entnommen.

1) Öffnungsdurchmesser $\quad\underline{d_E = 187{,}5 \text{ mm}}$

2) Öffnungsverhältnis $\quad\underline{m_E = 0}$

---

[*] Die Zahlen in den runden Klammern beziehen sich auf Quellenangaben im Literaturverzeichnis

3) Durchflußzahl $\quad\underline{\alpha_E = 0{,}99}$

Bei $Re_D \geqq 55\,000$ ist die Durchflußzahl konstant und unabhängig vom Öffnungsdurchmesser.

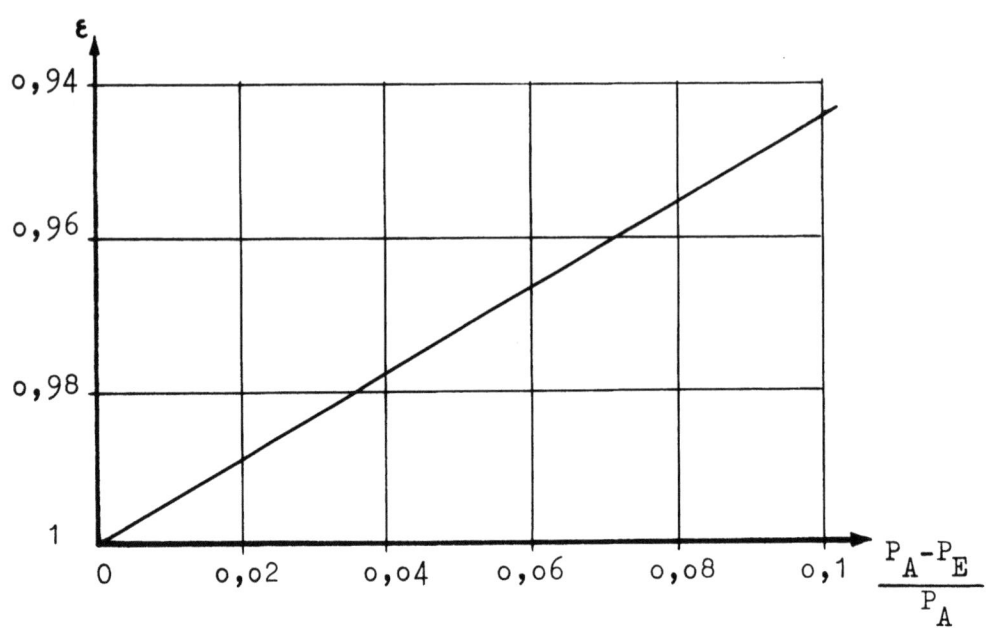

Abbildung 5
Expansionszahl. Normdüse m = 0

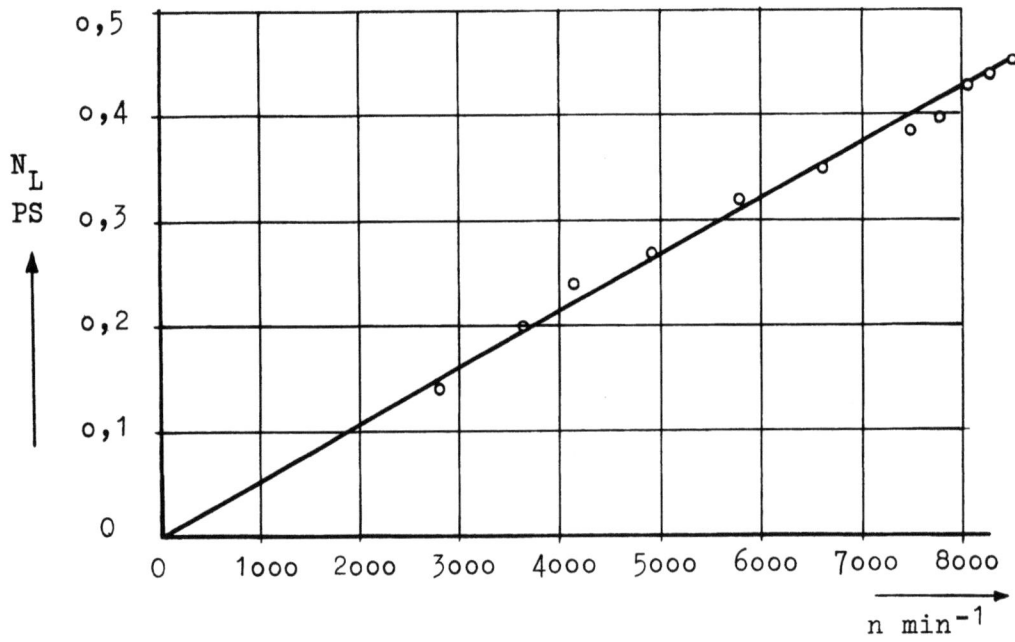

Abbildung 6
Leerlaufleistung. Gebläse ohne Laufrad

4) Expansionszahl

Die Werte der Expansionszahl ε sind aus (6; Abbildung 30) entnommen und für $m_{Düse} = 0$ in einem Diagramm Abbildung 5 dargestellt.

5) Formel für Luftdurchsatz

Gebrauchsformel für Durchsatzgewicht aus (6):

$$G = 0{,}01252 \cdot \alpha \cdot \varepsilon \cdot d^2 \cdot \sqrt{\gamma_1} \cdot \sqrt{P_1 - P_2} \quad \text{kg/h}$$

Zusammenfassung der Konstanten und Umrechnung auf kg/sec:

$$\frac{0{,}01252 \cdot \alpha_E \cdot d_E^2}{3600} = \frac{0{,}01252 \cdot 0{,}99 \cdot 35160}{3600} = 0{,}121$$

Für die verwendete Einlaufdüse gilt also

$$\boxed{G = 0{,}121 \cdot \varepsilon \cdot \sqrt{\gamma_A} \cdot \sqrt{P_A - P_E}} \quad \text{kg/sec}$$

Spezifisches Gewicht der Luft vor der Düse γ_A in kg/m³
Wirkdruck $P_A - P_E$ in mm WS bzw. kg/m².

6) Formel zur Nachrechnung von Re_D

$$Re_D = \frac{c \cdot D \cdot \gamma}{\eta \cdot g} \quad ; \quad c = \frac{V}{F} = \frac{4 \cdot V}{D^2 \cdot \pi}$$

$$Re_D = \frac{4 \cdot V \cdot D \cdot \gamma}{D^2 \cdot \pi \cdot \eta \cdot g} = \frac{4}{D \cdot \pi \cdot \eta \cdot g} \cdot G$$

Ansaugrohrdurchmesser $D = 0{,}32$ m
Dynamische Zähigkeit von Luft bei 20 °C $\eta = 1{,}85 \cdot 10^{-6} \frac{\text{kg sec}}{\text{m}^2}$

$$\frac{4}{D \cdot \pi \cdot \eta \cdot g} = \frac{4 \cdot 10^6}{0{,}32 \cdot \pi \cdot 1{,}85 \cdot 9{,}81} = 219500$$

$$\boxed{Re_D = 219\,500 \cdot G} \quad G \text{ in kg/sec}$$

V. Versuchsdurchführung

Das Schaltpult ermöglichte eine stufenweise <u>Drehzahlregelung</u> durch Feldschwächung. Die niedrigste Drehzahl (n = 2800) wurde durch Umschalten des Motors von 220 Volt auf 110 Volt Spannung erhalten. Wegen der stufenweisen

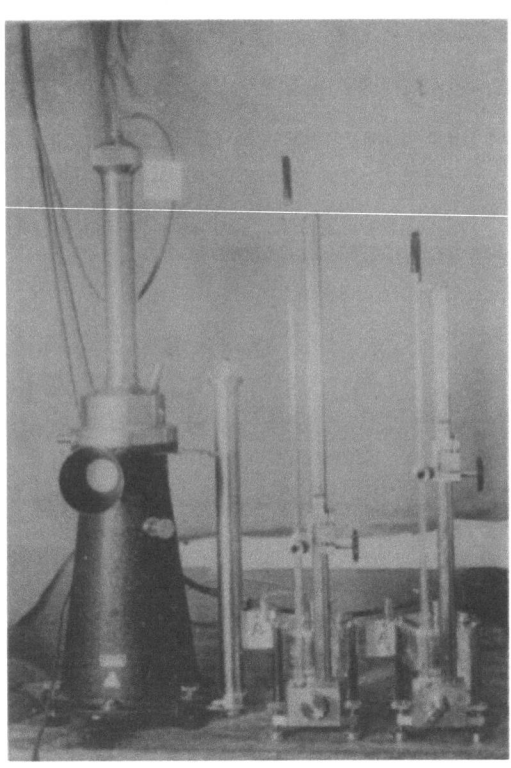

Abbildung 7
Mikromanometer

Regelung konnten die 8 Kennlinien nicht in gleichen Drehzahlabständen aufgenommen werden. Bei jeder Drehzahl wurden die Messungen bei 1o verschiedenen Drosselstellungen vorgenommen.

Die Drosselung geschah durch Einschieben von Blechen vor die Austrittsöffnung. Die Austrittsöffnung besteht aus 8 Austrittssegmenten, deren Gesamtquerschnitt 8f etwas größer als der Diffusoraustrittsquerschnitt F_3 ist. Es wurden 3 Arten Schieberbleche verwendet, mit denen entweder ein ganzes, ein halbes oder dreiviertel Austrittssegment geschlossen werden konnte. Die Schieber wurden jeweils so auf den Austrittsquerschnitt verteilt, daß eine möglichst symmetrische Austrittsöffnung frei blieb. Diese Verteilung war bei allen entsprechenden Versuchen die gleiche. Gleiche Versuchsnummer (1. - 1o.) bedeutet also gleiche Drosselung. Die Anzahl der geschlossenen Austrittssegmente ist in der obersten Zeile der Meßprotokolle angegeben.

Der Gang der Versuchsdurchführung ist folgender: Nach jeder Neueinstellung der Drosselung wurde durch Auflegen von Gewichten G_M auf die am

Hebelarm 1 des Pendelmotors hängende Waagschale das Drehmoment des Motorgehäuses ausgeglichen. Ein Zeiger vor einer Strichmarke zeigte die genaue waagerechte Lage an, auf die das Gehäuse einpendeln mußte. Dann wurden, nachdem Barometerstand und Raumtemperatur festgestellt worden waren, die Drücke 4 bis 6 nacheinander abgelesen. Zu gleicher Zeit wurden die Messungen 7 bis 10 vorgenommen.

Zur Druckmessung stand ein Projektionsmanometer nach BETZ, das eine sehr genaue und schnelle Ablesung auf 1/10 mm WS gestattet, und zwei Mikromanometer nach PRANDTL mit ebenfalls 1/10 mm WS Ablesegenauigkeit zur Verfügung (siehe Abb. 7). Da die genaue Einstellung der Optik und die Ablesung am Nonius der Prandtl-Manometer ziemlich umständlich ist, wurden alle drei Drücke mit dem Betz-Manometer gemessen. Die Drehzahlen am Motor n_M und Gebläseantrieb n_G wurden mit einem Tachometer festgestellt, der in dem vorkommenden Drehzahlbereich eine Ablesegenauigkeit von 10 U/min zuläßt. Die Drehzahl des Laufrades ist $n = 2 \cdot n_G$ (Übersetzung 1:2).

VI. Meßgrößen

1) Barometerstand $\qquad B_A \qquad$ mm QS

2) Korrektur zum Barometerstand $\qquad b_A \qquad$ mm QS

3) Raumtemperatur $\qquad t_A \qquad$ °C

4) Wirkdruck Einlaufdüse $\qquad P_A - P_E = h \;$ mm WS

5) Stat. Druck vor Gebläse $\qquad p_{a\,stat.}$ mm WS

6) Stat. Druck hinter Gebläse $\qquad p_{e\,stat.}$ mm WS

7) Temperatur vor Gebläse $\qquad t_a \qquad$ °C

8) Temperatur hinter Gebläse $\qquad t_e \qquad$ °C

9) Drehzahl Motor $\qquad n_M \qquad$ min^{-1}

10) Drehzahl Gebläseantrieb $\qquad n_G \qquad$ min^{-1}

11) Drehzahl Gebläselaufrad $\qquad n \qquad$ min^{-1}

12) Gewicht am Pendelmotor $\qquad G_M \qquad$ kg

Forschungsberichte des Wirtschafts- und Verkehrsministeriums Nordrhein-Westfalen

Indizes

A = Atmosphäre bzw. Außen-
M = Motor
a = Anfangszustand

E = hinter Einlaufdüse
G = Gebläse
e = Endzustand

VII. Versuchsauswertung

Im Folgenden ist der Rechnungsgang aufgeführt und erläutert:

1. Ansaugvolumen

Außendruck
$$P_A = (B_A + b_A) \cdot 13{,}6 \quad \text{kg/m}^2$$

Absolute Außentemperatur
$$T_A = 273{,}2 + t_A \quad °K$$

Spez. Gewicht der Außenluft
$$\gamma_A = \frac{P_A}{R \cdot T_A} \quad \text{kg/m}^3$$

$R_{Luft} = 29{,}27 \frac{mkg}{kg \cdot grd}$ (Einfluß der Luftfeuchtigkeit vernachlässigbar)

Expansionszahl $[\varepsilon]$ aus Diagramm Abbildung 5

Luftdurchsatz
$$G = 0{,}121 \cdot \varepsilon \cdot \sqrt{\gamma_A} \cdot \sqrt{P_A - P_E} \quad \text{kg/sec}$$

Ansaugvolumen
$$V = \frac{G}{\gamma_A} \quad \text{m}^3/\text{sec}$$

2. Geschwindigkeit vor Gebläse

Absoluter Druck vor Gebläse
$$P_a = P_A + p_a \text{ stat.} \quad \text{kg/m}^2$$

Absolute Temperatur vor Gebläse
$$T_a = 273{,}2 + t_a \quad °K$$

Spez. Gewicht vor Gebläse
$$\gamma_a = \frac{P_a}{R \cdot T_a} \quad \text{kg/m}^3$$

Geschwindigkeit vor Gebläse
$$c_a = \frac{G}{\gamma_a \cdot F_a} \quad \text{m/sec}$$

3. Geschwindigkeit hinter Gebläse

Absoluter stat. Druck hinter Gebläse $\quad P_e = P_A + p_{e\,stat.} \quad kg/m^2$

Absolute Temperatur hinter Gebläse $\quad T_e = 273{,}2 + t_e \quad °K$

Spez. Gewicht hinter Gebläse $\quad \gamma_e = \dfrac{P_e}{R \cdot T_e} \quad kg/m^3$

Geschwindigkeit hinter Gebläse $\quad c_e = \dfrac{G}{\gamma_e \cdot F_e} \quad m/sec$

4. Förderhöhe und Nutzleistung

Es ist: Förderhöhe = Druckhöhe + Geschwindigkeitshöhe

$$H = H_p + H_c \quad \frac{mkg}{kg} \text{ oder m Luftsäule}$$

Bei Gasen ist die Druckhöhe $H_p = \int_{P_a}^{P_e} v \cdot dP$. Bei kleinen Druckänderungen, wie es hier der Fall ist, kann jedoch die ursprüngliche Arbeitsfläche im P-v-Diagramm durch ein Rechteck ersetzt werden; dann gelten dieselben Beziehungen wie für Flüssigkeiten.

$$H_p = (P_e - P_a) \cdot v_m \quad \text{oder auch} \quad H_p = \dfrac{P_e - P_a}{\gamma_m}$$

Der Fehler beträgt bei $P_e - P_a$ = 150 mm WS ungefähr + 1/2 % (4; S. 16)

Mittleres spezifisches Gewicht $\quad \gamma_m = \dfrac{\gamma_a + \gamma_e}{2} \quad kg/m^3$

Druckhöhe $\quad H_p = \dfrac{P_e - P_a}{\gamma_m} \quad m$

Geschwindigkeitshöhe $\quad H_c = \dfrac{c_e^2 - c_a^2}{2g} \quad m$

Gesamtförderhöhe $\quad H = H_p + H_c \quad m$

Nutzleistung des Gebläses $\quad N = \dfrac{G \cdot H}{75} \quad PS$

Forschungsberichte des Wirtschafts- und Verkehrsministeriums Nordrhein-Westfalen
___

5. Reduzierte Werte

Da die Drehzahl des Gebläses wegen Spannungsschwankungen im Netz und verschiedenem Schlupf während der Aufnahme einer Kennlinie nicht konstant blieb, mußten die geringen Drehzahländerungen mit Hilfe der Affinitätsgesetze rechnerisch ausgeglichen werden. Die Bezugsdrehzahlen wurden so gewählt, daß die Abweichungen der gemessenen Drehzahlen möglichst gering blieben. Die reduzierten Werte weichen nur minimal von den ursprünglichen Werten ab.

Bezugsdrehzahl $\quad\boxed{n_o}\quad \min^{-1}$

Reduziertes Ansaugvolumen $\quad\boxed{V' = V \frac{n_o}{n}}\quad m^3/sec$

Reduzierte Förderhöhe $\quad\boxed{H' = H \left(\frac{n_o}{n}\right)^2}\quad m$

Reduzierte Nutzleistung $\quad\boxed{N' = N \left(\frac{n_o}{n}\right)^3}\quad PS$

6. Antriebsleistung und Wirkungsgrad

Vom Motor abgegebene Leistung $\quad\boxed{N_M = \frac{G_M \cdot l \cdot n_M}{716,2}}\quad PS$

$$\frac{l}{716,2} = \frac{0,5}{716,2} = \frac{1}{1432}$$

Reduzierte Antriebsleistung des Gebläses $\quad\boxed{N'_G = \eta_R \cdot N_M \cdot \left(\frac{n_o}{n}\right)^3}\quad PS$

$\eta_R = 0,97$ geschätzt

Der Wirkungsgrad des Riementriebs

$$\eta_R = \frac{\text{Wellenleistung am Gebläse}}{\text{Wellenleistung am Motor}}$$

setzt sich zusammen aus $\eta_R = \eta_S \cdot \eta_P$.

Der Kraftwirkungsgrad η_P, der geschätzt werden muß, berücksichtigt den Kraftverlust durch innere Reibung, Flankenreibung und Luftreibung der Keilriemen.

Der Schlupfwirkungsgrad $\eta_S = 1 - V_S$, der aus den Drehzahlmessungen berechnet werden kann, berücksichtigt den Geschwindigkeitsverlust V_S

durch Dehnungsschlupf (Gleitschlupf tritt bei den zwei Keilriemen nicht auf).

Der Schlupfverlust beträgt:

$$V_S = \frac{v_1 - v_2}{v_1} = \frac{d_1 n_1 - d_2 n_2}{d_1 n_1} = 1 - \frac{d_2}{d_1}\frac{n_2}{n_1}$$

$$n_1 \mathrel{\widehat{=}} n_M \; ; \; n_2 \mathrel{\widehat{=}} n_G \; ; \; \frac{d_1}{d_2} \mathrel{\widehat{=}} i_I = 1,85$$

$$V_S = 1 - \frac{n_G}{1,85 \cdot n_M} \; ; \; \eta_S = \frac{n_G}{1,85 \cdot n_M}$$

Gesamtwirkungsgrad des Gebläses $\boxed{\eta = \frac{N'}{N'_G}}$

$$\eta = \frac{\text{tatsächliche Förderleistung}}{\text{Wellenleistung am Gebläse}}$$

7. Dimensionslose Kennzahlen

Man kann die Gebläseeigenschaften durch dimensionslose Kennzahlen ausdrücken und erhält so eine übersichtliche Vergleichsmöglichkeit des untersuchten Kühlgebläses mit anderen Gebläsen (siehe Charakteristik).

Diese Kennzahlen sind auf die Hauptabmessungen des Läufers bezogen.

Umfangsgeschwindigkeit des Laufrades $\boxed{u_2 = \frac{D_2 \cdot \pi \cdot n_o}{60}}$ m/sec

$$\frac{D_2 \cdot \pi}{60} = 14,14 \cdot 10^{-3}$$

Spezifische Drehzahl $\boxed{n_q = \frac{n_o \sqrt{V'}}{H'^{3/4}}}$

Lieferzahl $\boxed{\varphi = \frac{V'}{F_2 u_2} = \frac{c_{2m}}{u_2}}$

$$F_2 = \frac{D_2^2 \cdot \pi}{4} - \frac{D_1^2 \cdot \pi}{4} = 0,0346 \text{ m}^2$$

$$\frac{1}{F_2} = 28,95 \text{ m}^{-2}$$

Forschungsberichte des Wirtschafts- und Verkehrsministeriums Nordrhein-Westfalen

<u>Druckzahl</u>
$$\gamma = \frac{2gH'}{u_2^2}$$

Statt der reduzierten Werte können hier ebensogut die ursprünglichen Werte n, V und H verwendet werden.

VIII. Diskussion zu den Diagrammen der Abbildungen 8 - 13

Das Kennfeld Abbildung 8 zeigt einen ausgeprägten sinusähnlichen Verlauf der Kennlinien, der für viele Axialgebläse charakteristisch ist (siehe (3) S. 127/36, (2) S. 188/91 und (4) S. 445,220). Brauchbar ist nur der nach rechts abfallende Zweig der Kennlinien, obwohl auf der restlichen Kennlinie kein ausgeprägtes Pendeln (Pumpen) zu bemerken war. Die Verwendung des linken Teiles des Kennfeldes verbietet sich bei einem Kühlgebläse schon deshalb, weil es in diesem Falle vor allem auf ein großes Fördervolumen ankommt. Auch aus wirtschaftlichen Gründen wäre es unangebracht, den linken Kennfeldteil zu benützen. Das veranschaulicht am deutlichsten das Diagramm Abbildung 12, in dem der Arbeitsaufwand pro m^3 Fördervolumen mit gleichem Abszissenmaßstab aufgetragen ist. Das Absinken der Kennlinien bei kleineren Fördermengen ist auf Ablösen der Strömung an der Saugseite der Schaufeln zurückzuführen. Mit abnehmender Füllung vergrößert sich das Totraumgebiet auf der Saugseite der Schaufeln bis der Überdruck in den einzelnen Kanälen nach der Eintrittsseite durchschlägt. Es setzt eine Rückströmung am Außenrand des Laufrades ein. Das zeigt auch die Messung lfd. Nr. 5 der 10. Versuchsnummern in den Meßprotokollen, indem bei diesen kleinen Fördermengen der an der Außenwand gemessene statische Druck p_a vor dem Gebläse wegen Rückströmung positiv (Überdruck) wird, obwohl in der Rohrmitte noch Luft durch die Einlaufdüse angesaugt wird. Bei Förderung 0 bildet sich ein regelrechter Ringwirbel aus (siehe (2) S. 169 Abb. 145). Dieser Punkt (Schnitt der Kennlinie mit H-Achse) ließ sich nicht einwandfrei feststellen. Der Wirkdruck der Einlaufdüse betrug schon 0, bzw. P_E wurde wegen der Ringwirbel sogar größer als P_A, bevor die Förderung 0 betrug.

Das Wiederaufrichten der Kennlinien bei stark unternormalen Fördermengen ist wohl darauf zurückzuführen, daß sich der Schaufelkanal nur zum Teil

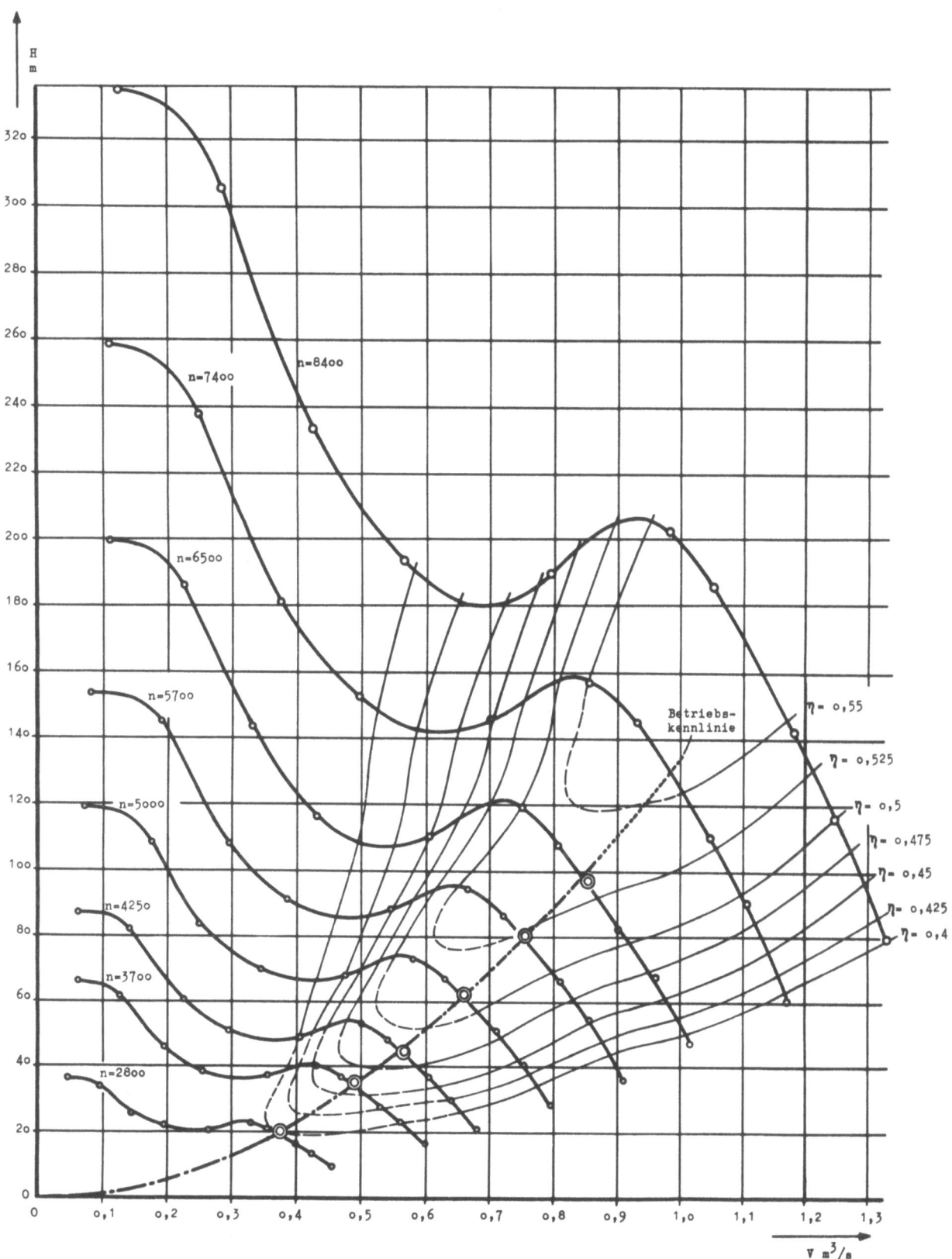

Abbildung 8
Kennfeld

Forschungsberichte des Wirtschafts- und Verkehrsministeriums Nordrhein-Westfalen

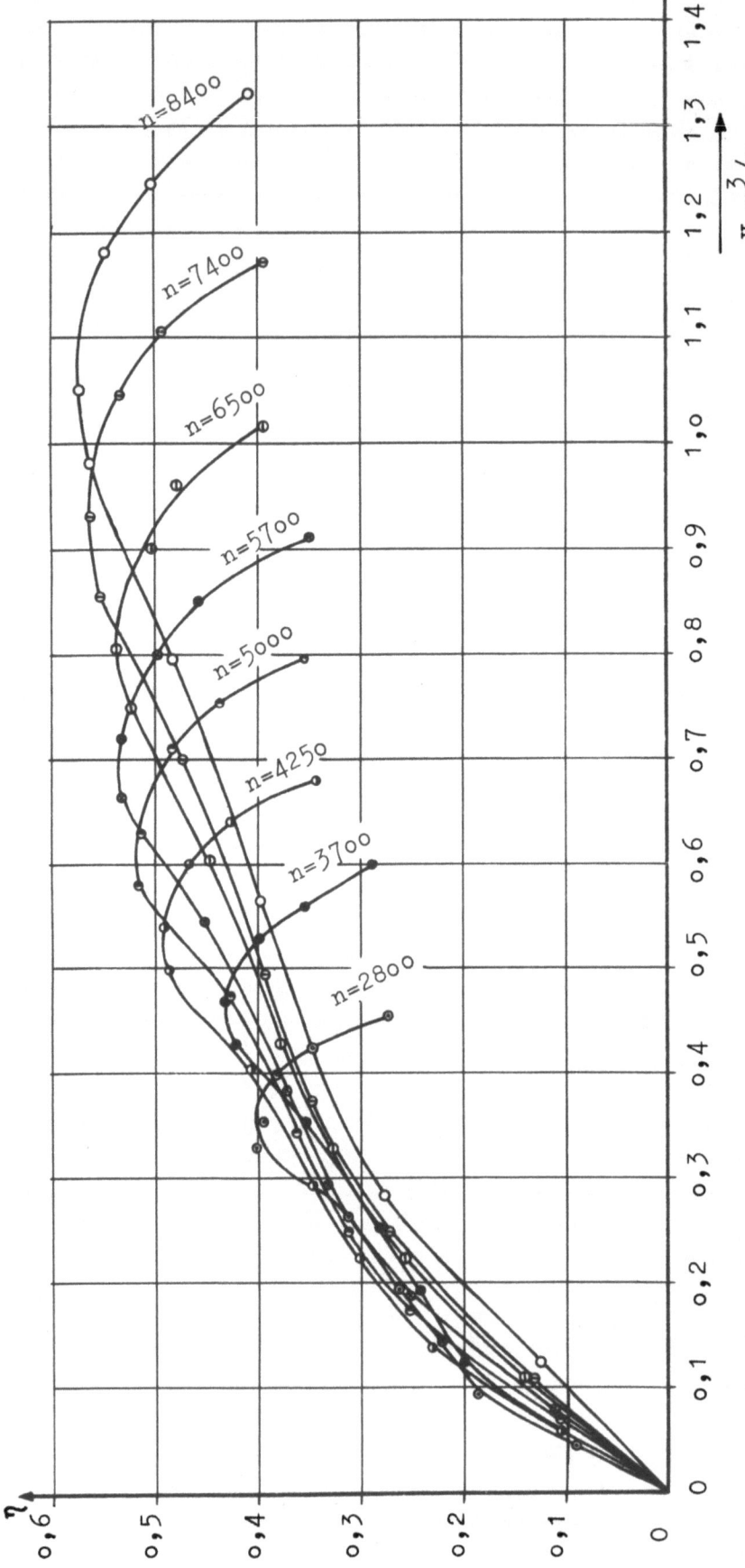

Abbildung 9
Gesamtwirkungsgrad

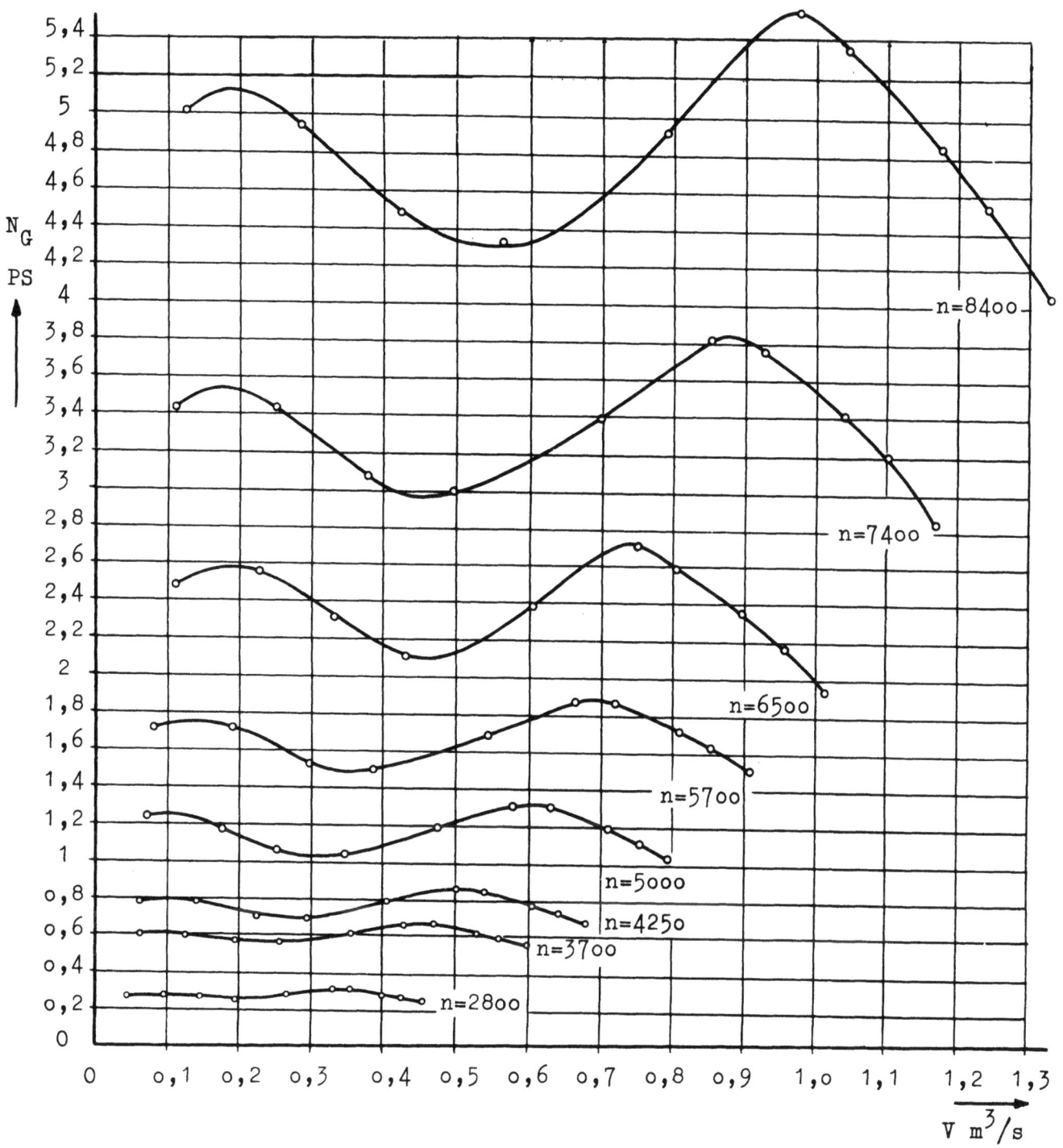

Abbildung 10
Antriebsleistung

mit aktiver Strömung ausfüllt, die sich an die Druckseite der Schaufeln anlegt ((2) S. 90). Es entsteht gewissermaßen eine geringere Kanalbreite, die im Endeffekt eine Erhöhung der Förderhöhe zur Folge hat. Die Gesamtwirkungsgrade η wurden aus dem Diagramm Abbildung 9 in das Kennfeld übertragen.

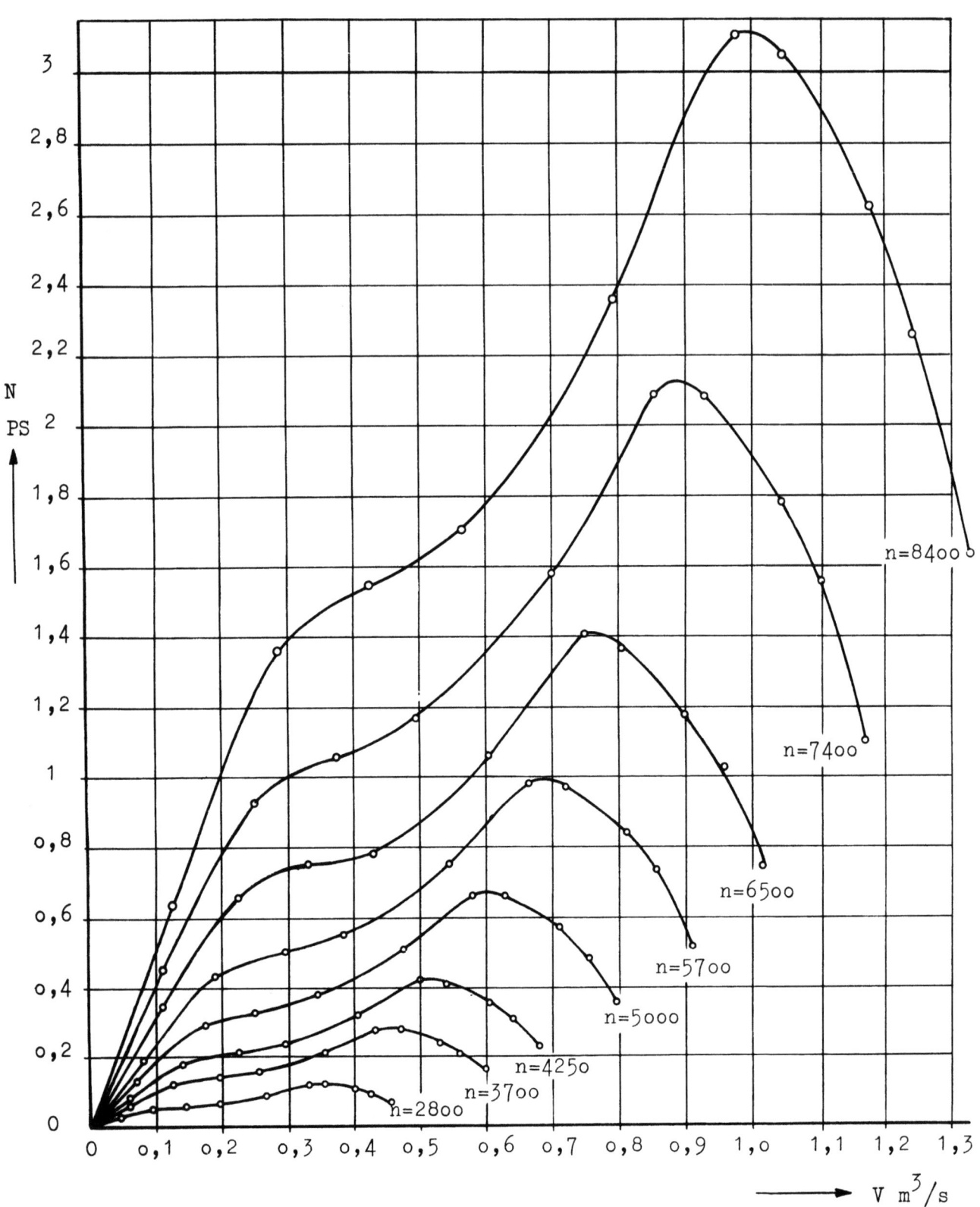

Abbildung 11
Nutzleistung

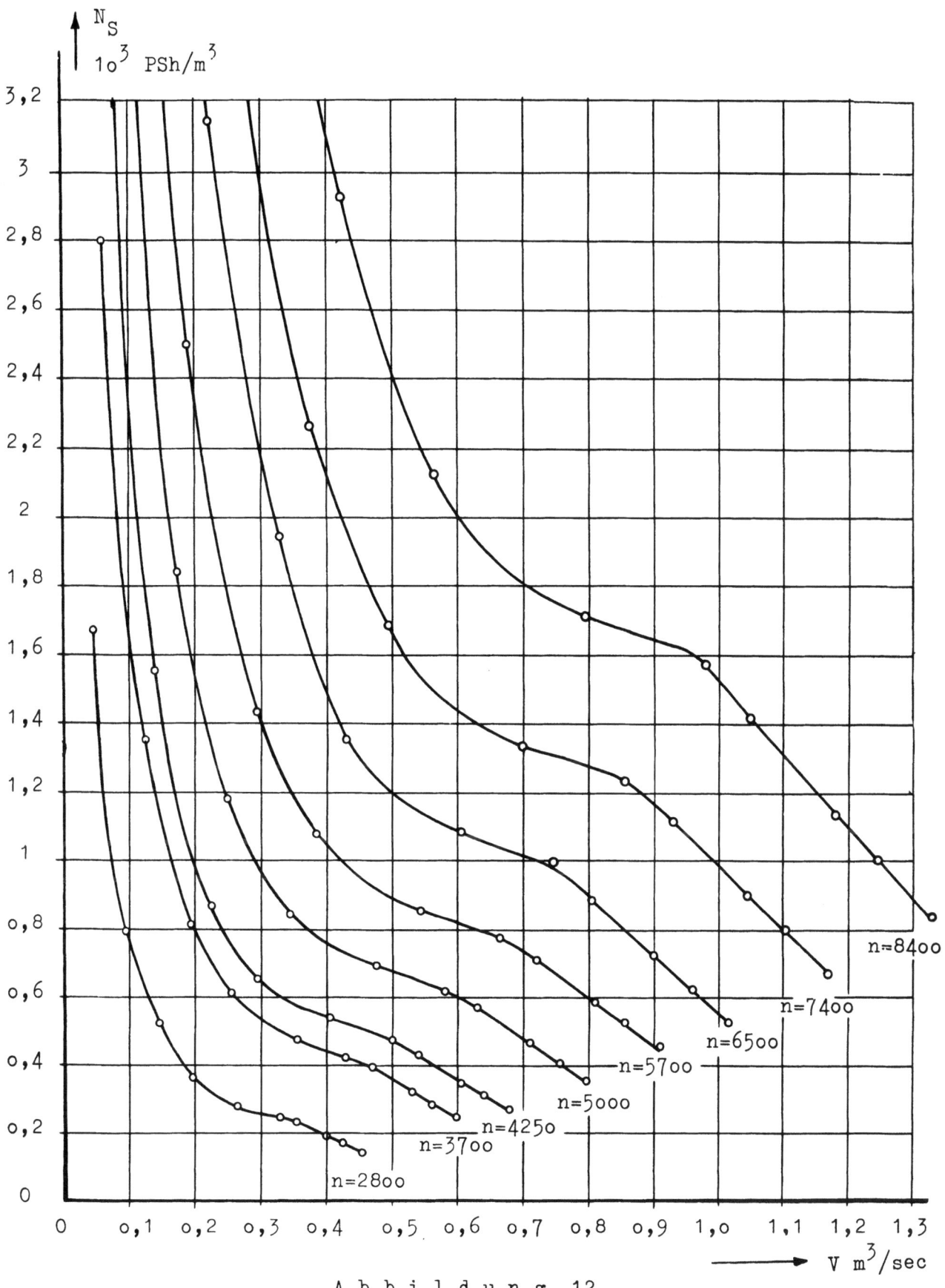

Abbildung 12
Spezifischer Leistungsbedarf

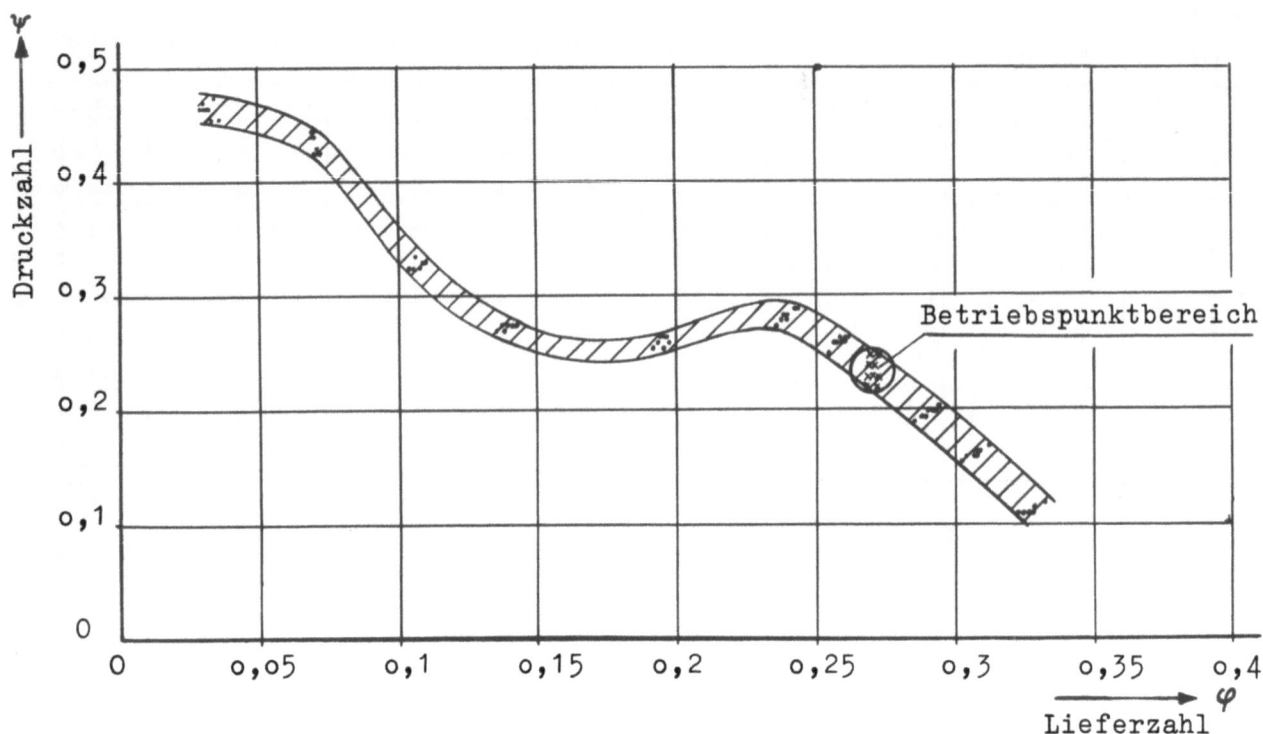

Abbildung 13
Charakteristik (dimensionsloses Kennfeld)

Sie sind in dem in Frage kommenden Betriebsbereich am günstigsten und nehmen mit steigender Drehzahl zu. Die Verbindung der Kurvenpunkte mit gleicher Versuchsnummer (Punkte gleicher Drosselung) ergeben Parabeln gleichen Stoßzustandes, d.h. die Geschwindigkeitsdreiecke dieser Punkte sind ähnlich. Um eine übersichtliche Vergleichsmöglichkeit des untersuchten Kühlgebläses mit anderen Gebläsen zu haben, wurde die sogenannte Charakteristik Abbildung 13 gezeichnet.

IX. Berechnungstabellen

1. $n_o = 2800$ U/min

Lfd. Nr.	Bezeichnung	Dim.	1.	2.	3.	4.	5.	6.	7.	8.	9.	10.
							Meßprotokoll					
-	Drosselung	-	0	3	4	5	5,5	6	6,5	7	7,5	7,75
1	B_A	mm QS	738,5	738,5	738,5	738,5	738,5	738,5	738,5	738,5	738,5	738,5
2	b_A	mm QS	-2,4	-2,4	-2,4	-2,4	-2,4	-2,4	-2,4	-2,4	-2,4	-2,4
3	t_A	°C	19,5	19,5	19,5	19,5	19,5	19,5	19,5	19,5	19,5	19,5
4	$P_A - P_E$	mm WS	16,0	14,1	12,5	9,9	8,5	5,7	3,0	1,7	0,7	0,15
5	P_a stat.	mm WS	-9,5	-8,5	-7,6	-6,0	-5,0	-3,3	-1,8	-1,0	-0,1	+0,9
6	P_e stat.	mm WS	2,0	7,8	11,8	18,5	21,3	21,0	23,8	29,2	39,8	43,5
7	t_a	°C	19,5	19,5	19,6	19,7	19,7	19,7	19,7	19,8	20,0	20,5
8	t_e	°C	19,6	19,7	19,7	20,0	20,0	20,0	20,0	20,4	20,8	21,5
9	n_M	min^{-1}	740	740	740	740	740	750	750	750	750	750
10	n_G	min^{-1}	1380	1380	1380	1380	1380	1400	1400	1400	1400	1400
11	n	min^{-1}	2760	2760	2760	2760	2760	2800	2800	2800	2800	2800
12	G_M	kg	0,47	0,50	0,52	0,58	0,56	0,54	0,50	0,53	0,53	0,53
							Auswertungstabelle					
							Ansaugvolumen					
1	$P_A = (B_A + b_A) \cdot 13,6$	kg/m²	10011	10011	10011	10011	10011	10011	10011	10011	10011	10011
2	$T_A = 273,2 + t_A$	°K	292,7	292,7	292,7	292,7	292,7	292,7	292,7	292,7	292,7	292,7
3	$\gamma_A = \frac{P_A}{29,27 \cdot T_A}$	kg/m³	1,170	1,170	1,170	1,170	1,170	1,170	1,170	1,170	1,170	1,170
4	ϵ	-	0,999	0,9995	0,9995	0,9995	1	1	1	1	1	1
5	$G = 0,121 \cdot \epsilon \cdot \sqrt{\gamma_A} \sqrt{P_A - P_E}$	kg/sec	0,523	0,491	0,463	0,412	0,382	0,313	0,227	0,171	0,110	0,051
6	$V = \frac{G}{\gamma_A}$	m³/sec	0,447	0,420	0,396	0,352	0,327	0,267	0,194	0,146	0,094	0,044
							Geschwindigkeit vor Gebläse					
7	$P_a = P_A + P_a$ stat.	kg/m²	10001	10002	10003	10005	10006	10008	10009	10010	10011	10012
8	$T_a = 273,2 + t_a$	°K	292,7	292,8	282,8	292,9	292,9	292,9	292,9	293,0	293,2	293,7
9	$\gamma_a = \frac{P_a}{29,27 \cdot T_a}$	kg/m³	1,168	1,168	1,168	1,167	1,167	1,167	1,167	1,167	1,167	1,165
10	$c_a = \frac{G}{\gamma_a \cdot 0,0804}$	m/sec	5,57	5,23	4,93	4,39	4,07	3,34	2,42	1,82	1,17	0,545
11	c_a^2	m²/sec²	31,02	27,35	24,30	19,27	16,56	11,15	5,86	3,31	1,37	0,30

1. $n_o = 2800$ U/min (Fortsetzung)

Lfd. Nr.	Bezeichnung	Dim.	1.	2.	3.	4.	5.	6.	7.	8.	9.	10.
	Geschwindigkeit hinter Gebläse											
12	$P_e = P_A + P_{e\,stat.}$	kg/m²	10013	10019	10023	10030	10032	10032	10035	10040	10051	10055
13	$T_e = 273{,}2 + t_e$	°K	292,8	292,8	292,9	293,2	293,2	293,2	293,2	293,6	294,0	294,7
14	$\gamma_e = \dfrac{P_e}{29{,}27 \cdot T_e}$	kg/m³	1,168	1,168	1,168	1,168	1,168	1,168	1,168	1,168	1,168	1,166
15	$c_e = \dfrac{G}{\gamma_e \cdot 0{,}1126}$	m/sec	3,97	3,73	3,52	3,13	2,90	2,38	1,73	1,30	0,84	0,39
16	c_e^2	m²/sec²	15,76	13,91	12,39	9,80	8,41	5,66	2,99	1,69	0,70	0,15
	Förderhöhe und Nutzleistung											
17	$\gamma_m = \dfrac{\gamma_a + \gamma_e}{2}$	kg/m³	1,168	1,168	1,168	1,168	1,168	1,168	1,168	1,168	1,168	1,166
18	$H_p = \dfrac{P_e - P_a}{\gamma_m}$	m	9,9	13,95	16,6	20,95	22,5	20,8	21,9	25,8	34,15	36,5
19	$H_c = \dfrac{c_e^2 - c_a^2}{19{,}61}$	m	−0,8	−0,7	−0,6	−0,5	−0,4	−0,3	−0,15	−0,1	−0,05	−0,01
20	$H = H_p + H_c$	m	9,1	13,25	16,0	20,45	22,1	20,5	21,75	25,7	34,1	36,5
21	$N = \dfrac{G \cdot H}{75}$	PS	0,0635	0,087	0,099	0,112	0,1125	0,085	0,066	0,0585	0,050	0,025
	Reduzierte Werte											
22	n_o	min⁻¹	2800	2800	2800	2800	2800	2800	2800	2800	2800	2800
23	$\dfrac{n_o}{n}$	−	1,015	1,015	1,015	1,015	1,015	1	1	1	1	1
24	$\left(\dfrac{n_o}{n}\right)^2$	−	1,030	1,030	1,030	1,030	1,030	1	1	1	1	1
25	$\left(\dfrac{n_o}{n}\right)^3$	−	1,046	1,046	1,046	1,046	1,046	1	1	1	1	1
26	$V' = V \dfrac{n_o}{n}$	m³/sec	0,455	0,425	0,40	0,355	0,33	0,265	0,195	0,145	0,095	0,045
27	$H' = H\left(\dfrac{n_o}{n}\right)^2$	m	9,5	13,5	16,5	21,0	23,0	20,5	22,0	26,0	34,0	36,5
28	$N' = N\left(\dfrac{n_o}{n}\right)^3$	PS	0,066	0,0905	0,103	0,1175	0,1175	0,085	0,066	0,0585	0,050	0,025
	Antriebsleistung und Wirkungsgrad											
29	$N_M = \dfrac{G_M \cdot n_M}{1432}$	PS	0,243	0,258	0,269	0,299	0,289	0,283	0,262	0,277	0,277	0,277
30	$N'_G = 0{,}97 \cdot N_M \left(\dfrac{n_o}{n}\right)^3$	PS	0,24	0,26	0,27	0,30	0,29	0,27	0,25	0,27	0,27	0,27
31	$\eta = \dfrac{N'}{N'_G}$	−	0,27	0,345	0,38	0,39	0,40	0,31	0,26	0,22	0,185	0,09
	Dimensionslose Kennzahlen											
32	$u_2 = 14{,}14 \cdot 10^{-3} \cdot n_o$	m/sec	39,6	39,6	39,6	39,6	39,6	39,6	39,6	39,6	39,6	39,6
33	u_2^2	m²/sec²	1568	1568	1568	1568	1568	1568	1568	1568	1568	1568
34	$\varphi = 28{,}95 \cdot \dfrac{V'}{u_2}$	−	0,332	0,312	0,294	0,261	0,243	0,195	0,142	0,107	0,069	0,032
35	$\psi = 19{,}61 \cdot \dfrac{H'}{u_2^2}$	−	0,12	0,17	0,205	0,265	0,29	0,255	0,275	0,325	0,425	0,455

Forschungsberichte des Wirtschafts- und Verkehrsministeriums Nordrhein-Westfalen

2. $n_o = 3700$ U/min

Lfd. Nr.	Bezeichnung	Dim.	1.	2.	3.	4.	5.	6.	7.	8.	9.	10.
						Meßprotokoll						
-	Drosselung	-	0	3	4	5	5,5	6	6,5	7	7,5	7,75
1	B_A	mm QS	745,6	745,6	745,6	745,6	745,6	745,6	740,3	740,3	745,6	745,6
2	b_A	mm QS	-2,3	-2,3	-2,3	-2,3	-2,3	-2,3	-2,4	-2,4	-2,3	-2,3
3	t_A	°C	18,0	18,0	18,0	18,0	18,0	18,0	19,0	19,0	18,0	18,9
4	$P_A - P_E$	mm WS	28,0	25,0	22,4	17,8	14,8	10,1	5,2	3,1	1,3	0,3
5	P_a stat.	mm WS	-17,0	-15,0	-13,5	-10,6	-8,7	-6,0	-3,1	-1,9	-0,1	+1,5
6	P_e stat.	mm WS	3,5	13,7	21,0	34,0	39,2	38,5	42,6	52,3	75,0	82,0
7	t_a	°C	17,6	17,6	17,8	17,8	18,0	18,1	19,0	19,1	18,6	19,3
8	t_e	°C	17,8	17,9	18,1	18,1	18,5	18,7	19,5	20,0	20,2	21,1
9	n_M	min^{-1}	990	1000	1000	1000	1000	1000	1010	1010	1030	1030
10	n_G	min^{-1}	1810	1840	1840	1840	1840	1840	1850	1850	1880	1880
11	n	min^{-1}	3620	3680	3680	3680	3680	3680	3700	3700	3760	3760
12	G_M	kg	0,77	0,85	0,87	0,94	0,94	0,87	0,82	0,84	0,90	0,90
						Auswertungstabelle						
						Ansaugvolumen						
1	$P_A = (B_A + b_A) \cdot 13,6$	kg/m²	10109	10109	10109	10109	10109	10109	10035	10035	10109	10109
2	$T_A = 273,2 + t_A$	°K	291,2	291,2	291,2	291,2	291,2	291,2	292,2	292,2	291,2	291,2
3	$\gamma_A = \frac{P_A}{29,27 \cdot T_A}$	kg/m³	1,186	1,186	1,186	1,186	1,186	1,186	1,173	1,173	1,186	1,186
4	ε	-	0,9985	0,9985	0,999	0,999	0,9995	0,9995	1	1	1	1
5	$G = 0,121 \cdot \varepsilon \cdot \sqrt{\gamma_A} \cdot \sqrt{P_A - P_E}$	kg/sec	0,696	0,658	0,623	0,555	0,506	0,418	0,299	0,231	0,150	0,072
6	$V = \frac{G}{\gamma_A}$	m³/sec	0,587	0,555	0,526	0,468	0,427	0,353	0,255	0,197	0,127	0,061
						Geschwindigkeit vor Gebläse						
7	$P_a = P_A + P_a$ stat.	kg/m²	10092	10094	10095	10098	10100	10103	10032	10033	10109	10110
8	$T_a = 273,2 + t_a$	°K	290,8	290,8	291,0	291,0	291,2	291,3	292,2	292,3	291,8	292,5
9	$\gamma_a = \frac{P_a}{29,27 \cdot T_a}$	kg/m³	1,186	1,186	1,186	1,186	1,185	1,185	1,173	1,173	1,183	1,186
10	$c_a = \frac{G}{\gamma_a \cdot 0,0804}$	m/sec	7,30	6,90	6,54	5,82	5,32	4,39	3,17	2,45	1,58	0,76
11	c_a^2	m²/sec²	53,29	47,61	42,77	33,87	28,30	19,27	10,05	6,00	2,50	0,58

Seite 28

2. $n_o = 3700$ U/min (Fortsetzung)

Lfd. Nr.	Bezeichnung	Dim.	1.	2.	3.	4.	5.	6.	7.	8.	9.	10.
			\multicolumn{10}{c}{Geschwindigkeit hinter Gebläse}									
12	$P_e = P_A + P_{e\,stat.}$	kg/m²	10113	10123	10130	10143	10148	10148	10078	10087	10184	10191
13	$T_e = 273{,}2 + t_e$	°K	291,0	291,1	291,3	291,3	291,7	291,9	292,7	293,2	293,4	294,3
14	$\gamma_e = \dfrac{P_e}{29{,}27 \cdot T_e}$	kg/m³	1,187	1,188	1,188	1,189	1,189	1,188	1,176	1,176	1,186	1,183
15	$c_e = \dfrac{G}{\gamma_e \cdot 0{,}1126}$	m/sec	5,20	4,92	4,65	4,15	3,29	3,13	2,26	1,745	1,13	0,54
16	c_e^2	m²/sec²	27,04	24,20	21,62	17,22	10,82	9,80	5,11	3,04	1,28	0,29
			\multicolumn{10}{c}{Förderhöhe und Nutzleistung}									
17	$\gamma_m = \dfrac{\gamma_a + \gamma_e}{2}$	kg/m³	1,187	1,187	1,187	1,187	1,187	1,187	1,175	1,175	1,185	1,182
18	$H_p = \dfrac{P_e - P_a}{\gamma_m}$	m	17,3	24,2	29,1	37,6	40,4	37,5	38,9	46,1	63,4	68,1
19	$H_c = \dfrac{c_e^2 - c_a^2}{19{,}61}$	m	-1,35	-1,2	-1,1	-0,85	-0,9	-0,5	-0,25	-0,15	-0,05	-0,01
20	$H = H_p + H_c$	m	15,95	23,0	28,0	36,75	39,5	37,0	38,65	45,95	63,35	68,1
21	$N = \dfrac{G \cdot H}{75}$	PS	0,148	0,202	0,233	0,272	0,267	0,206	0,154	0,142	0,127	0,065
			\multicolumn{10}{c}{Reduzierte Werte}									
22	n_o	min⁻¹	3700	3700	3700	3700	3700	3700	3700	3700	3700	3700
23	$\dfrac{n_o}{n}$	-	1,022	1,005	1,005	1,005	1,005	1,005	1	1	0,985	0,985
24	$\left(\dfrac{n_o}{n}\right)^2$	-	1,044	1,010	1,010	1,010	1,010	1,010	1	1	0,970	0,970
25	$\left(\dfrac{n_o}{n}\right)^3$	-	1,067	1,015	1,015	1,015	1,015	1,015	1	1	0,956	0,956
26	$V' = V \dfrac{n_o}{n}$	m³/sec	0,60	0,56	0,53	0,47	0,43	0,355	0,255	0,195	0,125	0,06
27	$H' = H\left(\dfrac{n_o}{n}\right)^2$	m	16,5	23,0	28,0	37,0	40,0	37,5	38,5	46,0	61,5	66,0
28	$N' = N\left(\dfrac{n_o}{n}\right)^3$	PS	0,16	0,205	0,235	0,275	0,27	0,21	0,155	0,14	0,12	0,06
			\multicolumn{10}{c}{Antriebsleistung und Wirkungsgrad}									
29	$N_M = \dfrac{G_M \cdot n_M}{1432}$	PS	0,532	0,594	0,608	0,656	0,656	0,608	0,578	0,592	0,647	0,647
30	$N_G' = 0{,}97 \cdot N_M \cdot \left(\dfrac{n_o}{n}\right)^3$	PS	0,55	0,58	0,60	0,65	0,65	0,60	0,56	0,57	0,60	0,60
31	$\eta = \dfrac{N'}{N_G'}$	-	0,285	0,35	0,395	0,43	0,42	0,35	0,275	0,24	0,20	0,105
			\multicolumn{10}{c}{Dimensionslose Kennzahlen}									
32	$u_2 = 14{,}14 \cdot 10^{-3} \cdot n_o$	m/sec	52,3	52,3	52,3	52,3	52,3	52,3	52,3	52,3	52,3	52,3
33	u_2^2	m²/sec²	2735	2735	2735	2735	2735	2735	2735	2735	2735	2735
34	$\varphi = 28{,}95 \cdot \dfrac{V'}{u_2}$	-	0,332	0,309	0,293	0,260	0,238	0,197	0,141	0,109	0,069	0,033
35	$\psi = 19{,}61 \cdot \dfrac{H'}{u_2^2}$	-	0,12	0,165	0,20	0,265	0,285	0,27	0,275	0,33	0,44	0,475

3. $n_o = 4250$ U/min

Lfd. Nr.	Bezeichnung	Dim.	1.	2.	3.	4.	5.	6.	7.	8.	9.	10.
			Meßprotokoll									
-	Drosselung	-	0	3	4	5	5,5	6	6,5	7	7,5	7,75
1	B_A	mm QS	746,5	746,5	746,5	746,5	746,5	746,5	746,5	746,5	746,5	746,5
2	b_A	mm QS	-2,5	-2,5	-2,5	-2,5	-2,5	-2,5	-2,5	-2,5	-2,5	-2,5
3	t_A	°C	19,8	19,8	19,8	19,8	19,8	19,8	19,8	19,8	19,8	19,8
4	$P_A - P_E$	mm WS	37,3	32,7	29,4	23,4	19,9	13,4	7,0	4,0	1,6	0,3
5	p_a stat.	mm WS	-22,3	-19,5	-17,5	-14,0	-11,8	-8,0	-4,2	-2,3	-0,2	+2,3
6	p_e stat.	mm WS	4,5	18,0	27,5	43,7	50,8	51,0	56,0	69,0	96,0	104,0
7	t_a	°C	19,1	19,2	19,3	19,3	19,5	19,5	19,6	19,8	20,1	21,1
8	t_e	°C	19,3	19,5	19,8	20,0	20,1	20,4	20,6	21,0	22,0	23,1
9	n_M	min^{-1}	1140	1140	1140	1140	1140	1160	1150	1150	1150	1150
10	n_G	min^{-1}	2120	2120	2120	2120	2110	2130	2120	2120	2120	2120
11	n	min^{-1}	4240	4240	4240	4240	4220	4260	4240	4240	4240	4240
12	G_M	kg	0,85	0,92	0,97	1,07	1,08	1,00	0,88	0,90	1,00	1,00
			Auswertungstabelle									
			Ansaugvolumen									
1	$P_A = (B_A + b_A) \cdot 13,6$	kg/m²	10118	10118	10118	10118	10118	10118	10118	10118	10118	10118
2	$T_A = 273,2 + t_A$	°K	293,0	293,0	293,0	293,0	293,0	293,0	293,0	293,0	293,0	293,0
3	$\gamma_A = \frac{P_A}{29,27 \cdot T_A}$	kg/m³	1,180	1,180	1,180	1,180	1,180	1,180	1,180	1,180	1,180	1,180
4	ϵ	-	0,998	0,998	0,9985	0,9985	0,999	0,9995	1	1	1	1
5	$G = 0,121 \cdot \epsilon \cdot \sqrt{\gamma_A} \cdot \sqrt{P_A - P_E}$	kg/sec	0,801	0,750	0,712	0,635	0,586	0,481	0,348	0,263	0,166	0,072
6	$V = \frac{G}{\gamma_A}$	m³/sec	0,679	0,636	0,604	0,538	0,497	0,408	0,295	0,223	0,141	0,061
			Geschwindigkeit vor Gebläse									
7	$P_a = P_A + p_a$ stat.	kg/m²	10096	10098	10100	10104	10106	10110	10114	10116	10118	10120
8	$T_a = 273,2 + t_a$	°K	292,3	292,4	292,5	292,5	292,7	292,7	292,8	293,0	293,3	294,3
9	$\gamma_a = \frac{P_a}{29,27 \cdot T_a}$	kg/m³	1,180	1,180	1,180	1,180	1,180	1,180	1,180	1,180	1,178	1,175
10	$c_a = \frac{G}{\gamma_a \cdot 0,0804}$	m/sec	8,45	7,91	7,51	6,69	6,18	5,05	3,67	2,775	1,755	0,76
11	c_a^2	m²/sec²	71,40	62,57	56,40	44,75	38,19	25,81	13,47	7,70	3,08	0,58

Forschungsberichte des Wirtschafts- und Verkehrsministeriums Nordrhein-Westfalen

3. $n_o = 4250$ U/min (Fortsetzung)

Lfd. Nr.	Bezeichnung	Dim.	1.	2.	3.	4.	5.	6.	7.	8.	9.	1o.
						Geschwindigkeit hinter Gebläse						
12	$P_e = P_A + P_{e\,stat.}$	kg/m²	1o123	1o136	1o146	1o162	1o169	1o169	1o174	1o187	1o214	1o222
13	$T_e = 273{,}2 + t_e$	°K	292,5	292,7	293,o	293,2	293,3	293,6	293,8	294,2	295,2	296,3
14	$\gamma_e = \dfrac{P_e}{29{,}27 \cdot T_e}$	kg/m³	1,182	1,183	1,183	1,183	1,184	1,184	1,183	1,183	1,182	1,178
15	$c_e = \dfrac{G}{\gamma_e \cdot o{,}1126}$	m/sec	6,o2	5,63	5,34	4,76	4,39	3,61	2,61	1,97	1,25	o,542
16	c_e^2	m²/sec²	36,24	31,7o	28,51	22,66	19,27	13,o3	6,81	3,88	1,56	o,29
						Förderhöhe und Nutzleistung						
17	$\gamma_m = \dfrac{\gamma_a + \gamma_e}{2}$	kg/m³	1,181	1,181	1,181	1,181	1,182	1,182	1,181	1,181	1,18o	1,176
18	$H_p = \dfrac{P_e - P_a}{\gamma_m}$	m	22,7	31,75	38,1	48,9	53,o	49,9	51,o	6o,4	81,6	86,5
19	$H_c = \dfrac{c_e^2 - c_a^2}{19{,}61}$	m	-1,8	-1,55	-1,4	-1,1	-o,95	-o,65	-o,35	-o,2	-o,1	-o,o1
2o	$H = H_p + H_c$	m	2o,9	3o,2	36,7	47,8	52,o5	49,25	5o,65	6o,2	81,5	86,5
21	$N = \dfrac{G \cdot H}{75}$	PS	o,223	o,3o2	o,348	o,4o5	o,4o6	o,316	o,235	o,211	o,18o	o,o83
						Reduzierte Werte						
22	n_o	min⁻¹	425o	425o	425o	425o	425o	425o	425o	425o	425o	425o
23	$\dfrac{n_o}{n}$	-	1,oo2	1,oo2	1,oo2	1,oo2	1,oo7	o,998	1,oo2	1,oo2	1,oo2	1,oo2
24	$\left(\dfrac{n_o}{n}\right)^2$	-	1,oo4	1,oo4	1,oo4	1,oo4	1,o14	o,994	1,oo4	1,oo4	1,oo4	1,oo4
25	$\left(\dfrac{n_o}{n}\right)^3$	-	1,oo6	1,oo6	1,oo6	1,oo6	1,o21	o,994	1,oo6	1,oo6	1,oo6	1,oo6
26	$V' = V \dfrac{n_o}{n}$	m³/sec	o,68	o,64	o,6o5	o,54	o,5o	o,4o5	o,295	o,225	o,14	o,o6
27	$H' = H\left(\dfrac{n_o}{n}\right)^2$	m	21,o	3o,o	37,o	48,o	53,o	49,o	51,o	6o,5	82,o	87,o
28	$N' = N\left(\dfrac{n_o}{n}\right)^3$	PS	o,225	o,3o5	o,35	o,4o5	o,415	o,315	o,235	o,21	o,18	o,o85
						Antriebsleistung und Wirkungsgrad						
29	$N_M = \dfrac{G_M \cdot n_M}{1432}$	PS	o,676	o,732	o,772	o,85o	o,86o	o,81o	o,7o6	o,723	o,8o3	o,8o3
3o	$N'_G = o{,}97 \cdot N_M \cdot \left(\dfrac{n_o}{n}\right)^3$	PS	o,66	o,71	o,75	o,83	o,85	o,78	o,69	o,7o	o,78	o,78
31	$\eta = \dfrac{N'}{N'_G}$	-	o,34	o,425	o,465	o,49	o,485	o,4o5	o,345	o,3o	o,23	o,1o5
						Dimensionslose Kennzahlen						
32	$u_2 = 14{,}14 \cdot 10^{-3} \cdot n_o$	m/sec	6o,1	6o,1	6o,1	6o,1	6o,1	6o,1	6o,1	6o,1	6o,1	6o,1
33	u_2^2	m²/sec²	3612	3612	3612	3612	3612	3612	3612	3612	3612	3612
34	$\varphi = 28{,}95 \cdot \dfrac{V'}{u_2}$	-	o,328	o,3o7	o,292	o,26o	o,241	o,196	o,142	o,1o8	o,o68	o,o29
35	$\psi = 19{,}61 \cdot \dfrac{H'}{u_2^2}$	-	o,115	o,165	o,2o	o,26	o,29	o,265	o,275	o,33	o,445	o,47

Forschungsberichte des Wirtschafts- und Verkehrsministeriums Nordrhein-Westfalen

4. $n_o = 5000$ U/min

Lfd. Nr.	Bezeichnung	Dim.	1.	2.	3.	4.	5.	6.	7.	8.	9.	1o.
						Meßprotokoll						
-	Drosselung	-	0	3	4	5	5,5	6	6,5	7	7,5	7,75
1	B_A	mm QS	748,5	748,5	748,5	748,5	748,5	748,5	748,5	748,5	748,5	740,3
2	b_A	mm QS	-2,9	-2,9	-2,9	-2,9	-2,9	-2,9	-2,9	-2,9	-2,9	-2,4
3	t_A	°C	22,9	22,9	22,9	22,9	22,9	23,0	23,0	23,0	23,1	19,0
4	$P_A - P_E$	mm WS	50,0	44,7	40,0	31,3	26,5	18,0	9,5	5,1	2,4	0,4
5	p_a stat.	mm WS	-30,0	-26,5	-24,0	-18,7	-15,7	-10,7	-5,7	-3,0	-0,5	+3,3
6	p_e stat.	mm WS	5,5	22,5	37,0	60,0	70,0	69,5	76,5	96,5	128,5	140,0
7	t_a	°C	22,6	22,7	22,8	23,0	23,0	23,0	23,2	23,3	23,8	20,6
8	t_e	°C	23,0	23,3	23,5	23,9	24,0	24,0	24,3	25,0	26,4	23,6
9	n_M	min^{-1}	1350	1350	1350	1350	1350	1360	1360	1370	1370	1350
1o	n_G	min^{-1}	2480	2480	2480	2480	2480	2490	2500	2520	2520	2480
11	n	min^{-1}	4960	4960	4960	4960	4960	4980	5000	5040	5040	4960
12	G_M	kg	1,07	1,17	1,25	1,37	1,37	1,27	1,13	1,17	1,29	1,33
						Auswertungstabelle Ansaugvolumen						
1	$P_A = (B_A + b_A) \cdot 13,6$	kg/m²	10140	10140	10140	10140	10140	10140	10140	10140	10140	10035
2	$T_A = 273,2 + t_A$	°K	296,1	296,1	296,1	296,1	296,1	296,2	296,2	296,2	296,3	292,2
3	$\gamma_A = \frac{P_A}{29,27 \cdot T_A}$	kg/m³	1,170	1,170	1,170	1,170	1,170	1,170	1,170	1,170	1,169	1,173
4	ε	-	0,997	0,9975	0,998	0,9985	0,9985	0,999	0,9995	1	1	1
5	$G = 0,121 \cdot \varepsilon \cdot \sqrt{\gamma_A} \cdot \sqrt{P_A - P_E}$	kg/sec	0,923	0,873	0,826	0,731	0,673	0,555	0,403	0,296	0,203	0,083
6	$V = \frac{G}{\gamma_A}$	m³/sec	0,789	0,746	0,706	0,625	0,575	0,474	0,344	0,253	0,174	0,071
						Geschwindigkeit vor Gebläse						
7	$P_a = P_A + p_a$ stat.	kg/m²	10110	10114	10116	10121	10124	10129	10134	10137	10140	10038
8	$T_a = 273,2 + t_a$	°K	295,8	295,9	296,0	296,2	296,2	296,2	296,4	296,5	297,0	293,8
9	$\gamma_a = \frac{P_a}{29,27 \cdot T_a}$	kg/m³	1,168	1,168	1,168	1,167	1,168	1,168	1,168	1,168	1,166	1,168
1o	$c_a = \frac{G}{\gamma_a \cdot 0,0804}$	m/sec	9,826	9,291	8,793	7,786	7,164	5,908	4,291	3,147	2,164	0,884
11	c_a^2	m²/sec²	96,55	86,32	77,32	60,62	51,32	34,90	18,41	9,904	4,683	0,781

4. $n_o = 5000$ U/min (Fortsetzung)

Lfd. Nr.	Bezeichnung	Dim.	1.	2.	3.	4.	5.	6.	7.	8.	9.	10.
	Geschwindigkeit hinter Gebläse											
12	$P_e = P_A + P_{e\,stat.}$	kg/m²	10145	10162	10177	10200	10210	10209	10216	10236	10268	10175
13	$T_e = 273,2 + t_e$	°K	296,2	296,5	296,7	297,1	297,2	297,2	297,5	298,2	299,6	296,8
14	$\gamma_e = \frac{P_e}{29,27 \cdot T_e}$	kg/m³	1,170	1,171	1,172	1,173	1,174	1,174	1,173	1,173	1,171	1,171
15	$c_e = \frac{G}{\gamma_e \cdot 0,1126}$	m/sec	7,013	6,631	6,267	5,538	5,093	4,204	3,049	2,240	1,538	0,630
16	c_e^2	m²/sec²	49,18	43,97	39,275	30,67	25,94	17,67	9,296	5,018	2,365	0,397
	Förderhöhe und Nutzleistung											
17	$\gamma_m = \frac{\gamma_a + \gamma_e}{2}$	kg/m³	1,169	1,169	1,170	1,170	1,171	1,171	1,170	1,170	1,169	1,170
18	$H_p = \frac{P_e - P_a}{\gamma_m}$	m	30,36	41,92	52,14	67,26	73,18	68,49	70,26	85,04	110,35	116,80
19	$H_c = \frac{c_e^2 - c_a^2}{19,61}$	m	-2,42	-2,16	-1,94	-1,53	-1,29	-0,88	-0,46	-0,25	-0,12	-0,02
20	$H = H_p + H_c$	m	27,94	39,76	50,20	65,73	71,89	67,61	69,80	84,79	110,23	116,78
21	$N = \frac{G \cdot H}{75}$	PS	0,344	0,463	0,552	0,641	0,645	0,500	0,375	0,335	0,298	0,129
	Reduzierte Werte											
22	n_o	min⁻¹	5000	5000	5000	5000	5000	5000	5000	5000	5000	5000
23	$\frac{n_o}{n}$	-	1,009	1,009	1,009	1,009	1,009	1,002	1	0,992	0,992	1,009
24	$\left(\frac{n_o}{n}\right)^2$	-	1,018	1,018	1,018	1,018	1,018	1,004	1	0,984	0,984	1,018
25	$\left(\frac{n_o}{n}\right)^3$	-	1,027	1,027	1,027	1,027	1,027	1,006	1	0,976	0,976	1,027
26	$V' = V\frac{n_o}{n}$	m³/sec	0,795	0,755	0,71	0,63	0,58	0,475	0,345	0,25	0,175	0,07
27	$H' = H\left(\frac{n_o}{n}\right)^2$	m	28,5	40,5	51,0	67,0	73,0	68,0	70,0	83,5	108,5	119,0
28	$N' = N\left(\frac{n_o}{n}\right)^3$	PS	0,353	0,475	0,567	0,658	0,662	0,503	0,375	0,327	0,291	0,133
	Antriebsleistung und Wirkungsgrad											
29	$N_M = \frac{G_M \cdot n_M}{1432}$	PS	1,01	1,10	1,18	1,29	1,29	1,21	1,07	1,12	1,23	1,25
30	$N'_G = 0,97 \cdot N_M \cdot \left(\frac{n_o}{n}\right)^3$	PS	1,00	1,09	1,17	1,28	1,28	1,18	1,04	1,06	1,16	1,24
31	$\eta = \frac{N'}{N'_G}$	-	0,35	0,435	0,48	0,51	0,515	0,425	0,36	0,31	0,25	0,105
	Dimensionslose Kennzahlen											
32	$u_2 = 14,14 \cdot 10^{-3} \cdot n_o$	m/sec	70,7	70,7	70,7	70,7	70,7	70,7	70,7	70,7	70,7	70,7
33	u_2^2	m²/sec	5000	5000	5000	5000	5000	5000	5000	5000	5000	5000
34	$\varphi = 28,95 \cdot \frac{V'}{u_2}$	-	0,326	0,308	0,292	0,258	0,238	0,195	0,141	1,103	0,071	0,029
35	$\psi = 19,61 \cdot \frac{H'}{u_2^2}$	-	0,11	0,16	0,20	0,265	0,285	0,265	0,275	0,325	0,425	0,465

Forschungsberichte des Wirtschafts- und Verkehrsministeriums Nordrhein-Westfalen

5. $n_o = 5700$ U/min

Lfd. Nr.	Bezeichnung	Dim.	1.	2.	3.	4.	5.	6.	7.	8.	9.	1o.
							Meßprotokoll					
-	Drosselung	-	0	3	4	5	5,5	6	6,5	7	7,5	7,75
1	B_A	mm QS	738,3	738,3	738,3	738,3	738,3	738,3	738,3	738,3	738,3	738,3
2	b_A	mm QS	-2,2	-2,2	-2,2	-2,2	-2,2	-2,2	-2,2	-2,2	-2,2	-2,2
3	t_A	°C	19,0	19,0	19,0	19,0	19,0	19,0	19,0	19,0	19,0	19,0
4	$P_A - P_E$	mm WS	66,5	58,5	52,2	41,4	35,2	23,5	12,0	7,1	2,9	0,5
5	P_a stat.	mm WS	-39,5	-35,0	-31,3	-24,5	-2o,8	-13,8	-7,1	-4,2	-o,2	+4,5
6	P_e stat.	mm WS	7,o	31,5	48,3	77,5	9o,3	89,8	99,8	123,5	169,8	186,5
7	t_a	°C	18,9	18,9	19,0	19,1	19,3	19,4	19,5	19,8	20,8	21,8
8	t_e	°C	19,3	19,4	2o,o	2o,4	2o,6	2o,9	21,5	22,1	24,1	26,5
9	n_M	min^{-1}	154o	154o	154o	154o	154o	154o	155o	157o	157o	159o
1o	n_G	min^{-1}	284o	284o	284o	284o	284o	284o	285o	286o	286o	288o
11	n	min^{-1}	568o	568o	568o	568o	568o	568o	57oo	572o	572o	576o
12	G_M	kg	1,4	1,52	1,6	1,73	1,75	1,58	1,42	1,44	1,62	1,64
							Auswertungstabelle					
							Ansaugvolumen					
1	$P_A = (B_A + b_A) \cdot 13,6$	kg/m²	1oo11	1oo11	1oo11	1oo11	1oo11	1oo11	1oo11	1oo11	1oo11	1oo11
2	$T_A = 273,2 + t_A$	°K	292,2	292,2	292,2	292,2	292,2	292,2	292,2	292,2	292,2	292,2
3	$\gamma_A = \frac{P_A}{29,27 \cdot T_A}$	kg/m³	1,17o	1,17o	1,17o	1,17o	1,17o	1,17o	1,17o	1,17o	1,17o	1,17o
4	ε	-	o,9965	o,997	o,997	o,998	o,998	o,9985	o,9995	1	1	1
5	$G = o,121 \cdot \varepsilon \cdot \sqrt{\gamma_A} \cdot \sqrt{P_A - P_E}$	kg/sec	1,o63	o,998	o,942	o,841	o,775	o,634	o,453	o,349	o,223	o,o925
6	$V = \frac{G}{\gamma_A}$	m³/sec	o,9o9	o,853	o,8o5	o,719	o,662	o,542	o,387	o,298	o,19o5	o,o79
							Geschwindigkeit vor Gebläse					
7	$P_a = P_A + P_a$ stat.	kg/m²	9971	9976	998o	9986	999o	9997	1ooo4	1ooo7	1oo11	1oo16
8	$T_a = 273,2 + t_a$	°K	292,1	292,1	292,2	292,3	292,5	292,6	292,7	293,o	294,o	295,o
9	$\gamma_a = \frac{P_a}{29,27 \cdot T_a}$	kg/m³	1,166	1,166	1,167	1,167	1,167	1,167	1,168	1,168	1,163	1,161
1o	$c_a = \frac{G}{\gamma_a \cdot o,o8o4}$	m/sec	11,35	1o,65	1o,o5	8,97	8,26	6,76	4,82	3,72	2,39	o,995
11	c_a^2	m²/sec²	128,82	113,42	1o1,oo	8o,46	68,23	45,7o	23,23	13,84	5,71	o,99

5. n_o = 5700 U/min (Fortsetzung)

Lfd. Nr.	Bezeichnung	Dim.	1.	2.	3.	4.	5.	6.	7.	8.	9.	10.
			Geschwindigkeit hinter Gebläse									
12	$P_e = P_A + P_{e\,stat.}$	kg/m²	10018	10043	10059	10089	10101	10101	10111	10135	10181	10198
13	$T_e = 273,2 + t_e$	°K	292,5	292,6	293,2	293,6	293,8	294,1	294,7	295,3	297,3	299,7
14	$\gamma_e = \dfrac{P_e}{29,27 \cdot T_e}$	kg/m³	1,170	1,172	1,171	1,175	1,175	1,173	1,172	1,172	1,170	1,163
15	$c_e = \dfrac{G}{\gamma_e \cdot 0,1126}$	m/sec	8,07	7,57	7,15	6,36	5,86	4,80	3,43	2,65	1,69	0,707
16	c_e^2	m²/sec²	65,12	57,30	51,12	40,45	34,34	23,04	11,76	7,02	2,86	0,50
			Förderhöhe und Nutzleistung									
17	$\gamma_m = \dfrac{\gamma_a + \gamma_e}{2}$	kg/m³	1,168	1,169	1,169	1,171	1,171	1,170	1,170	1,170	1,166	1,162
18	$H_p = \dfrac{P_e - P_a}{\gamma_m}$	m	39,8	56,9	68,1	87,1	94,9	88,6	91,4	109,2	145,8	156,6
19	$H_c = \dfrac{c_e^2 - c_a^2}{19,61}$	m	-3,25	-2,85	-2,55	-2,05	-1,75	-1,15	-0,5	-0,35	-0,15	-0,025
20	$H = H_p + H_c$	m	35,55	54,05	65,55	85,05	93,15	87,45	90,9	108,85	145,65	156,6
21	$N = \dfrac{G \cdot H}{75}$	PS	0,504	0,720	0,824	0,954	0,962	0,740	0,549	0,506	0,433	0,193
			Reduzierte Werte									
22	n_o	min⁻¹	5700	5700	5700	5700	5700	5700	5700	5700	5700	5700
23	$\dfrac{n_o}{n}$	-	1,004	1,004	1,004	1,004	1,004	1,004	1	0,997	0,997	0,990
24	$\left(\dfrac{n_o}{n}\right)^2$	-	1,008	1,008	1,008	1,008	1,008	1,008	1	0,994	0,994	0,980
25	$\left(\dfrac{n_o}{n}\right)^3$	-	1,012	1,012	1,012	1,012	1,012	1,012	1	0,991	0,991	0,970
26	$V' = V \dfrac{n_o}{n}$	m³/sec	0,91	0,855	0,81	0,72	0,665	0,545	0,385	0,295	0,19	0,08
27	$H' = H\left(\dfrac{n_o}{n}\right)^2$	m	36,0	54,5	66,0	86,0	94,0	88,0	91,0	108,0	145,0	153,5
28	$N' = N\left(\dfrac{n_o}{n}\right)^3$	PS	0,51	0,73	0,835	0,965	0,975	0,75	0,55	0,50	0,43	0,19
			Antriebsleistung und Wirkungsgrad									
29	$N_M = \dfrac{G_M \cdot n_M}{1432}$	PS	1,505	1,635	1,720	1,860	1,880	1,700	1,537	1,578	1,776	1,820
30	$N_G' = 0,97 \cdot N_M \cdot \left(\dfrac{n_o}{n}\right)^3$	PS	1,47	1,60	1,69	1,83	1,84	1,67	1,49	1,52	1,71	1,71
31	$\eta = \dfrac{N'}{N_G'}$	-	0,345	0,455	0,495	0,53	0,53	0,45	0,37	0,33	0,25	0,11
			Dimensionslose Kennzahlen									
32	$u_2 = 14,14 \cdot 10^{-3} \cdot n_o$	m/sec	80,6	80,6	80,6	80,6	80,6	80,6	80,6	80,6	80,6	80,6
33	u_2^2	m²/sec²	6495	6495	6495	6495	6495	6495	6495	6495	6495	6495
34	$\varphi = 28,95 \cdot \dfrac{V'}{u_2}$	-	0,328	0,308	0,290	0,259	0,239	0,196	0,139	0,107	0,068	0,028
35	$\psi = 19,61 \cdot \dfrac{H'}{u_2^2}$	-	0,11	0,165	0,20	0,26	0,285	0,265	0,275	0,325	0,44	0,465

6. $n_o = 6500$ U/min

Lfd. Nr.	Bezeichnung	Dim.	1.	2.	3.	4.	5.	6.	7.	8.	9.	10.
			Meßprotokoll									
-	Drosselung	-	0	3	4	5	5,5	6	6,5	7	7,5	7,75
1	B_A	mm QS	746,0	746,0	746,0	746,0	746,0	746,0	746,0	746,0	746,0	746,0
2	b_A	mm QS	-2,4	-2,4	-2,4	-2,4	-2,4	-2,4	-2,4	-2,5	-2,5	-2,5
3	t_A	°C	18,6	18,6	18,8	19,0	19,0	19,1	19,2	19,8	19,9	20,0
4	$P_A - P_E$	mm WS	88,0	77,0	68,0	52,8	44,5	30,3	15,2	8,8	3,9	1,0
5	P_a stat.	mm WS	-52,5	-45,5	-40,5	-31,7	-26,3	-17,7	-9,0	-5,0	-0,5	+5,0
6	P_e stat.	mm WS	9,0	41,0	62,5	99,0	114,5	116,5	132,0	164,0	212,0	233,0
7	t_a	°C	18,8	19,0	19,1	19,2	19,5	19,6	19,8	19,8	21,2	22,2
8	t_e	°C	19,6	20,0	20,2	20,6	21,3	21,7	22,1	23,0	25,4	28,0
9	n_M	min^{-1}	1790	1790	1790	1790	1790	1810	1820	1800	1800	1810
10	n_G	min^{-1}	3320	3300	3280	3260	3220	3280	3290	3240	3200	3240
11	n	min^{-1}	6640	6600	6560	6520	6440	6560	6580	6480	6400	6480
12	G_M	kg	1,67	1,85	1,97	2,12	2,17	1,98	1,75	1,87	2,00	2,00
			Auswertungstabelle									
			Ansaugvolumen									
1	$P_A = (B_A + b_A) \cdot 13,6$	kg/m²	10113	10113	10113	10113	10113	10113	10113	10112	10112	10112
2	$T_A = 273,2 + t_A$	°K	291,8	291,8	292,0	292,2	292,2	292,3	292,4	293,0	293,1	293,2
3	$\gamma_A = \frac{P_A}{29,27 \cdot T_A}$	kg/m³	1,184	1,184	1,184	1,182	1,182	1,182	1,181	1,178	1,178	1,178
4	ε	-	0,995	0,996	0,9965	0,997	0,9975	0,9985	0,999	0,9995	1	1
5	$G = 0,121 \cdot \varepsilon \cdot \sqrt{\gamma_A} \cdot \sqrt{P_A - P_E}$	kg/sec	1,229	1,151	1,073	0,953	0,875	0,723	0,512	0,390	0,2595	0,1315
6	$V = \frac{G}{\gamma_A}$	m³/sec	1,038	0,972	0,907	0,807	0,741	0,612	0,434	0,331	0,220	0,1115
			Geschwindigkeit vor Gebläse									
7	$P_a = P_A + P_a$ stat.	kg/m²	10061	10068	10073	10081	10087	10095	10104	10107	10112	10117
8	$T_a = 273,2 + t_a$	°K	292,0	292,2	292,3	292,4	292,7	292,8	293,0	293,0	294,4	295,4
9	$\gamma_a = \frac{P_a}{29,27 \cdot T_a}$	kg/m³	1,177	1,177	1,177	1,177	1,177	1,177	1,177	1,177	1,173	1,170
10	$c_a = \frac{G}{\gamma_a \cdot 0,0804}$	m/sec	13,0	12,16	11,34	10,07	9,25	7,64	5,41	4,15	2,75	1,40
11	c_a^2	m²/sec²	169,0	147,9	128,6	101,4	85,56	58,37	29,27	17,22	7,563	1,960

6. $n_o = 6500$ U/min (Fortsetzung)

Lfd. Nr.	Bezeichnung	Dim.	1.	2.	3.	4.	5.	6.	7.	8.	9.	10.
			\multicolumn{10}{c}{Geschwindigkeit hinter Gebläse}									
12	$P_e = P_A + p_e$ stat.	kg/m²	10122	10154	10176	10212	10228	10230	10245	10276	10324	10345
13	$T_e = 273,2 + t_e$	°K	292,8	293,2	293,4	293,8	294,5	294,9	295,3	296,2	298,6	301,2
14	$\gamma_e = \frac{P_e}{29,27 \cdot T_e}$	kg/m³	1,181	1,183	1,185	1,187	1,187	1,186	1,185	1,185	1,181	1,174
15	$c_e = \frac{G}{\gamma_e \cdot 0,1126}$	m/sec	9,25	8,64	8,04	7,13	6,55	5,42	3,84	2,92	1,95	0,995
16	c_e^2	m²/sec²	85,56	74,65	64,64	50,84	42,90	29,38	14,75	8,53	3,802	0,990
			\multicolumn{10}{c}{Förderhöhe und Nutzleistung}									
17	$\gamma_m = \frac{\gamma_a + \gamma_e}{2}$	kg/m³	1,179	1,180	1,181	1,182	1,182	1,182	1,181	1,181	1,177	1,172
18	$H_p = \frac{P_e - P_a}{\gamma_m}$	m	52,15	73,3	87,25	110,7	119,2	113,6	119,4	143,2	180,5	194,5
19	$H_c = \frac{c_e^2 - c_a^2}{19,61}$	m	-4,25	-3,75	-3,25	-2,6	-2,2	-1,5	-0,75	-0,45	-0,2	-0,05
20	$H = H_p + H_c$	m	47,9	69,55	84,0	108,1	117,0	112,1	118,65	142,75	180,3	194,45
21	$N = \frac{G \cdot H}{75}$	PS	0,786	1,067	1,202	1,374	1,365	1,081	0,810	0,742	0,624	0,341
			\multicolumn{10}{c}{Reduzierte Werte}									
22	n_o	min⁻¹	6500	6500	6500	6500	6500	6500	6500	6500	6500	6500
23	$\frac{n_o}{n}$	-	0,979	0,985	0,991	0,997	1,009	0,991	0,988	1,003	1,016	1,003
24	$\left(\frac{n_o}{n}\right)^2$	-	0,958	0,970	0,982	0,994	1,018	0,982	0,976	1,006	1,032	1,006
25	$\left(\frac{n_o}{n}\right)^3$	-	0,938	0,956	0,973	0,991	1,027	0,973	0,964	1,009	1,049	1,009
26	$V' = V \frac{n_o}{n}$	m³/sec	1,015	0,96	0,90	0,805	0,75	0,605	0,43	0,33	0,225	0,11
27	$H' = H\left(\frac{n_o}{n}\right)^2$	m	47,0	67,5	82,5	107,5	119,0	110,0	116,0	143,5	186,0	195,5
28	$N' = N\left(\frac{n_o}{n}\right)^3$	PS	0,74	1,02	1,17	1,36	1,40	1,05	0,78	0,75	0,655	0,345
			\multicolumn{10}{c}{Antriebsleistung und Wirkungsgrad}									
29	$N_M = \frac{G_M \cdot n_M}{1432}$	PS	2,087	2,312	2,462	2,650	2,712	2,502	2,222	2,350	2,512	2,528
30	$N_G' = 0,97 \cdot N_M \cdot \left(\frac{n_o}{n}\right)^3$	PS	1,90	2,14	2,33	2,55	2,70	2,36	2,10	2,30	2,55	2,47
31	$\eta = \frac{N'}{N_G'}$	-	0,39	0,475	0,50	0,535	0,52	0,445	0,375	0,325	0,255	0,14
			\multicolumn{10}{c}{Dimensionslose Kennzahlen}									
32	$u_2 = 14,14 \cdot 10^{-3} \cdot n_o$	m/sec	91,9	91,9	91,9	91,9	91,9	91,9	91,9	91,9	91,9	91,9
33	u_2^2	m²/sec²	8445	8445	8445	8445	8445	8445	8445	8445	8445	8445
34	$\varphi = 28,95 \cdot \frac{V'}{u_2}$	-	0,321	0,302	0,283	0,254	0,235	0,191	0,135	0,105	0,070	0,035
35	$\psi = 19,61 \cdot \frac{H'}{u_2^2}$	-	0,11	0,155	0,19	0,25	0,275	0,255	0,27	0,335	0,43	0,455

Forschungsberichte des Wirtschafts- und Verkehrsministeriums Nordrhein-Westfalen

7. $n_o = 7400$ U/min

Lfd. Nr.	Bezeichnung	Dim.	1.	2.	3.	4.	5.	6.	7.	8.	9.	10.
						Meßprotokoll						
-	Drosselung	-	0	3	4	5	5,5	6	6,5	7	7,5	7,75
1	B_A	mm QS	737,2	737,2	737,2	737,2	737,2	737,2	737,2	737,3	737,3	737,3
2	b_A	mm QS	-2,3	-2,3	-2,3	-2,3	-2,3	-2,3	-2,3	-2,4	-2,4	-2,4
3	t_A	°C	19,8	20,0	20,2	20,4	20,4	20,5	20,5	20,6	21,0	21,5
4	$P_A - P_E$	mm WS	110,0	98,0	87,0	68,5	58,2	38,8	19,5	11,1	5,0	1,0
5	P_a stat.	mm WS	-65,5	-58,0	-52,0	-40,3	-34,7	-22,5	-11,5	-6,5	-0,5	+6,5
6	P_e stat.	mm WS	10,5	51,5	79,5	129,5	150,0	149,0	167,0	204,0	273,0	304,0
7	t_a	°C	20,4	20,5	20,6	21,0	21,0	21,2	21,3	22,7	23,1	24,4
8	t_e	°C	21,5	21,8	22,1	22,8	23,0	23,7	24,1	25,9	28,5	31,6
9	n_M	min^{-1}	2020	2010	2010	2000	2010	2020	2010	2010	2000	2010
10	n_G	min^{-1}	3700	3690	3690	3680	3690	3700	3700	3700	3690	3700
11	n	min^{-1}	7400	7380	7380	7360	7380	7400	7400	7400	7380	7400
12	G_M	kg	2,05	2,30	2,45	2,70	2,75	2,45	2,20	2,25	2,50	2,52
						Auswertungstabelle Ansaugvolumen						
1	$P_A = (B_A + b_A) \cdot 13,6$	kg/m²	9995	9995	9995	9995	9995	9995	9995	9995	9995	9995
2	$T_A = 273,2 + t_A$	°K	293,0	293,2	293,4	293,6	293,6	293,7	293,7	293,8	294,2	294,7
3	$\gamma_A = \dfrac{P_A}{29,27 \cdot T_A}$	kg/m³	1,166	1,165	1,164	1,163	1,163	1,162	1,162	1,162	1,160	1,158
4	ε	-	0,994	0,9945	0,995	0,996	0,997	0,998	0,999	0,9995	1	1
5	$G = 0,121 \cdot \varepsilon \cdot \sqrt{\gamma_A} \cdot \sqrt{P_A - P_E}$	kg/sec	1,362	1,285	1,212	1,072	0,993	0,812	0,576	0,435	0,291	0,130
6	$V = \dfrac{G}{\gamma_A}$	m³/sec	1,168	1,103	1,041	0,922	0,854	0,699	0,496	0,374	0,251	0,112
						Geschwindigkeit vor Gebläse						
7	$P_a = P_A + P_a$ stat.	kg/m²	9929	9937	9943	9955	9960	9972	9983	9986	9993	10000
8	$T_a = 273,2 + t_a$	°K	293,6	293,7	293,8	294,2	294,2	294,4	294,5	295,9	296,3	297,6
9	$\gamma_a = \dfrac{P_a}{29,27 \cdot T_a}$	kg/m³	1,156	1,156	1,156	1,156	1,156	1,157	1,158	1,153	1,152	1,148
10	$c_a = \dfrac{G}{\gamma_a \cdot 0,0804}$	m/sec	14,65	13,83	13,05	11,54	10,68	8,74	6,18	4,69	3,15	1,405
11	c_a^2	m²/sec²	214,62	191,27	170,30	133,17	114,06	76,39	38,19	22,00	9,92	1,97

7. $n_o = 7400$ U/min (Fortsetzung)

Lfd. Nr.	Bezeichnung	Dim.	1.	2.	3.	4.	5.	6.	7.	8.	9.	10.
	Geschwindigkeit hinter Gebläse											
12	$P_e = P_A + P_{e\,stat.}$	kg/m²	10006	10047	10075	10125	10145	10144	10162	10197	10266	10297
13	$T_e = 273,2 + t_e$	°K	294,7	295,0	295,3	296,0	296,2	296,9	297,3	299,1	301,7	304,8
14	$\gamma_e = \frac{P_e}{29,27 \cdot T_e}$	kg/m³	1,160	1,163	1,165	1,168	1,170	1,167	1,167	1,164	1,163	1,154
15	$c_e = \frac{G}{\gamma_e \cdot 0,1126}$	m/sec	10,43	9,81	9,24	8,14	7,54	6,18	4,39	3,32	2,24	1,00
16	c_e^2	m²/sec²	108,78	96,24	85,38	66,26	56,85	38,19	19,27	11,02	5,02	1,00
	Förderhöhe und Nutzleistung											
17	$\gamma_m = \frac{\gamma_a + \gamma_e}{2}$	kg/m³	1,158	1,159	1,160	1,162	1,163	1,162	1,162	1,158	1,157	1,151
18	$H_p = \frac{P_e - P_a}{\gamma_m}$	m	65,6	94,4	113,3	146,2	158,7	147,6	153,6	181,7	236,3	258,5
19	$H_c = \frac{c_e^2 - c_a^2}{19,61}$	m	-5,4	-4,85	-4,35	-3,4	-2,9	-1,95	-0,95	-0,55	-0,25	-0,05
20	$H = H_p + H_c$	m	60,2	89,55	108,95	142,8	155,8	145,65	152,65	181,15	236,05	258,45
21	$N = \frac{G \cdot H}{75}$	PS	1,093	1,535	1,760	2,040	2,063	1,576	1,172	1,050	0,916	0,448
	Reduzierte Werte											
22	n_o	min⁻¹	7400	7400	7400	7400	7400	7400	7400	7400	7400	7400
23	$\frac{n_o}{n}$	-	1	1,003	1,003	1,006	1,003	1	1	1	1,003	1
24	$\left(\frac{n_o}{n}\right)^2$	-	1	1,006	1,006	1,012	1,006	1	1	1	1,006	1
25	$\left(\frac{n_o}{n}\right)^3$	-	1	1,009	1,009	1,018	1,009	1	1	1	1,009	1
26	$V' = V \frac{n_o}{n}$	m³/sec	1,17	1,105	1,045	0,93	0,855	0,70	0,495	0,375	0,25	0,11
27	$H' = H\left(\frac{n_o}{n}\right)^2$	m	60,0	90,0	109,5	144,5	156,5	145,5	152,5	181,0	237,5	258,5
28	$N' = N\left(\frac{n_o}{n}\right)^3$	PS	1,095	1,55	1,775	2,075	2,08	1,575	1,17	1,05	0,925	0,45
	Antriebsleistung und Wirkungsgrad											
29	$N_M = \frac{G_M \cdot n_M}{1432}$	PS	2,890	3,230	3,440	3,770	3,860	3,455	3,087	3,157	3,492	3,537
30	$N_G' = 0,97 \cdot N_M \cdot \left(\frac{n_o}{n}\right)^3$	PS	2,80	3,16	3,37	3,72	3,78	3,35	2,99	3,06	3,42	3,43
31	$\eta = \frac{N'}{N_G'}$	-	0,39	0,49	0,53	0,56	0,55	0,47	0,39	0,345	0,27	0,13
	Dimensionslose Kennzahlen											
32	$u_2 = 14,14 \cdot 10^{-3} \cdot n_o$	m/sec	104,6	104,6	104,6	104,6	104,6	104,6	104,6	104,6	104,6	104,6
33	u_2^2	m²/sec²	10940	10940	10940	10940	10940	10940	10940	10940	10940	10940
34	$\varphi = 28,95 \cdot \frac{V'}{u_2}$	-	0,324	0,307	0,289	0,257	0,237	0,193	0,137	0,104	0,070	0,031
35	$\psi = 19,61 \cdot \frac{H'}{u_2^2}$	-	0,11	0,16	0,195	0,26	0,28	0,26	0,275	0,325	0,425	0,465

8. $n_o = 8400$ U/min

Lfd. Nr.	Bezeichnung	Dim.	1.	2.	3.	4.	5.	6.	7.	8.	9.	10.
			Meßprotokoll									
-	Drosselung	-	0	3	4	5	5,5	6	6,5	7	7,5	7,75
1	B_A	mm QS	740,4	740,4	740,4	740,4	740,4	740,5	740,5	740,5	740,5	740,6
2	b_A	mm QS	-2,5	-2,5	-2,5	-2,5	-2,5	-2,6	-2,6	-2,6	-2,6	-2,7
3	t_A	°C	19,8	19,9	20,1	20,3	20,4	20,6	20,7	21,0	21,3	21,5
4	$P_A - P_E$	mm WS	145,0	126,0	112,8	88,8	77,0	51,0	26,0	14,8	6,6	1,2
5	p_a stat.	mm WS	-86,5	-75,0	-67,8	-53,5	-45,0	-29,8	-15,3	-8,7	-0,6	+9,0
6	p_e stat.	mm WS	13,5	66,5	103,0	167,0	193,0	195,0	216,0	268,5	357,0	396,0
7	t_a	°C	20,4	20,6	20,6	21,0	21,4	21,6	21,6	22,0	23,5	26,0
8	t_e	°C	21,5	22,0	22,5	23,3	24,0	24,7	25,5	27,3	30,8	35,1
9	n_M	min^{-1}	2300	2280	2270	2270	2270	2290	2310	2310	2300	2290
10	n_G	min^{-1}	4220	4200	4190	4190	4180	4210	4240	4240	4220	4210
11	n	min^{-1}	8440	8400	8380	8380	8360	8420	8480	8480	8440	8420
12	G_M	kg	2,60	2,90	3,10	3,44	3,54	3,17	2,82	2,93	3,20	3,25
			Auswertungstabelle Ansaugvolumen									
1	$P_A = (B_A + b_A) \cdot 13,6$	kg/m²	10035	10035	10035	10035	10035	10035	10035	10035	10035	10035
2	$T_A = 273,2 + t_A$	°K	293,0	293,1	293,3	293,5	293,6	293,8	293,9	294,2	294,5	294,7
3	$\gamma_A = \frac{P_A}{29,27 \cdot T_A}$	kg/m³	1,170	1,170	1,169	1,169	1,169	1,168	1,167	1,166	1,165	1,164
4	ε	-	0,992	0,993	0,9935	0,995	0,996	0,997	0,9985	0,999	1	1
5	$G = 0,121 \cdot \varepsilon \cdot \sqrt{\gamma_A} \cdot \sqrt{P_A - P_E}$	kg/sec	1,564	1,458	1,380	1,227	1,143	0,931	0,665	0,502	0,335	0,143
6	$V = \frac{G}{\gamma_A}$	m³/sec	1,337	1,247	1,180	1,050	0,978	0,797	0,570	0,430	0,288	0,123
			Geschwindigkeit vor Gebläse									
7	$P_a = P_A + p_a$ stat.	kg/m²	9948	9960	9967	9981	9990	10005	10020	10026	10034	10044
8	$T_a = 273,2 + t_a$	°K	293,6	293,8	293,8	294,2	294,6	294,8	294,8	295,2	296,7	299,2
9	$\gamma_a = \frac{P_a}{29,27 \cdot T_a}$	kg/m³	1,158	1,158	1,158	1,159	1,158	1,158	1,160	1,160	1,156	1,147
10	$c_a = \frac{G}{\gamma_a \cdot 0,0804}$	m/sec	16,80	15,65	14,80	13,16	12,28	10,00	7,13	5,38	3,62	1,55
11	c_a^2	m²/sec²	282,24	244,92	219,04	173,18	150,80	100,00	50,84	28,94	13,10	2,40

8. $n_o = 8400$ U/min (Fortsetzung)

Lfd. Nr.	Bezeichnung	Dim.	1.	2.	3.	4.	5.	6.	7.	8.	9.	10.
	Geschwindigkeit hinter Gebläse											
12	$P_e = P_A + p_{e\ stat.}$	kg/m²	10049	10102	10138	10202	10228	10230	10251	10304	10392	10431
13	$T_e = 273,2 + t_e$	°K	294,7	295,2	295,7	296,5	297,2	297,9	298,7	300,5	304,0	308,3
14	$\gamma_e = \frac{P_e}{29,27 \cdot T_e}$	kg/m³	1,166	1,168	1,172	1,175	1,176	1,174	1,172	1,171	1,168	1,156
15	$c_e = \frac{G}{\gamma_e \cdot 0,1126}$	m/sec	11,92	11,08	10,46	9,27	8,64	7,04	5,04	3,81	2,55	1,10
16	c_e^2	m²/sec²	142,08	122,77	109,41	85,93	74,65	49,56	25,40	14,51	6,50	1,21
	Förderhöhe und Nutzleistung											
17	$\gamma_m = \frac{\gamma_a + \gamma_e}{2}$	kg/m³	1,162	1,163	1,166	1,167	1,167	1,166	1,166	1,166	1,162	1,152
18	$H_p = \frac{P_e - P_a}{\gamma_m}$	m	86,05	121,6	146,5	189,0	204,0	192,9	198,5	238,0	307,8	336,0
19	$H_c = \frac{c_e^2 - c_a^2}{19,61}$	m	-7,15	-6,2	-5,5	-4,45	-3,9	-2,55	-1,3	-0,75	-0,35	-0,05
20	$H = H_p + H_c$	m	78,9	115,4	141,0	184,55	200,1	190,35	197,2	237,25	307,45	335,95
21	$N = \frac{G \cdot H}{75}$	PS	1,645	2,245	2,59	3,02	3,05	2,365	1,75	1,59	1,375	0,64
	Reduzierte Werte											
22	n_o	min⁻¹	8400	8400	8400	8400	8400	8400	8400	8400	8400	8400
23	$\frac{n_o}{n}$	-	0,996	1	1,002	1,002	1,005	0,998	0,991	0,991	0,996	0,998
24	$\left(\frac{n_o}{n}\right)^2$	-	0,992	1	1,004	1,004	1,010	0,996	0,982	0,982	0,992	0,996
25	$\left(\frac{n_o}{n}\right)^3$	-	0,988	1	1,006	1,006	1,015	0,994	0,973	0,973	0,988	0,994
26	$V' = V \frac{n_o}{n}$	m³/sec	1,33	1,245	1,18	1,05	0,98	0,795	0,565	0,425	0,285	0,125
27	$H' = H\left(\frac{n_o}{n}\right)^2$	m	79,0	115,5	141,5	185,5	202,0	189,5	193,5	233,0	305,0	334,5
28	$N' = N\left(\frac{n_o}{n}\right)^3$	PS	1,625	2,245	2,61	3,04	3,095	2,35	1,70	1,545	1,355	0,635
	Antriebsleistung und Wirkungsgrad											
29	$N_M = \frac{G_M \cdot n_M}{1432}$	PS	4,18	4,62	4,92	5,45	5,61	5,07	4,55	4,73	5,14	5,20
30	$N'_G = 0,97 \cdot N_M \cdot \left(\frac{n_o}{n}\right)^3$	PS	4,00	4,48	4,80	5,32	5,52	4,88	4,30	4,46	4,93	5,01
31	$\eta = \frac{N'}{N'_G}$	-	0,405	0,50	0,545	0,57	0,56	0,48	0,395	0,345	0,275	0,125
	Dimensionslose Kennzahlen											
32	$u_2 = 14,14 \cdot 10^{-3} \cdot n_o$	m/sec	118,8	118,8	118,8	118,8	118,8	118,8	118,8	118,8	118,8	118,8
33	u_2^2	m²/sec²	14110	14110	14110	14110	14110	14110	14110	14110	14110	14110
34	$\varphi = 28,95 \cdot \frac{V'}{u_2}$	-	0,324	0,304	0,288	0,256	0,239	0,194	0,138	0,104	0,070	0,030
35	$\psi = 19,61 \cdot \frac{H'}{u_2^2}$	-	0,11	0,16	0,195	0,26	0,28	0,265	0,27	0,325	0,425	0,465

9. Spezifischer Leistungsbedarf $N_S = \dfrac{N'_G}{3600 \cdot V'} \cdot 10^3$ PSh/m³

n_o / V.Nr.	2800	3700	4250	5000	5700	6500	7400	8400
1.	0,145	0,25	0,27	0,35	0,45	0,52	0,665	0,835
2.	0,17	0,28	0,31	0,40	0,52	0,62	0,795	1,00
3.	0,19	0,32	0,345	0,46	0,58	0,72	0,895	1,13
4.	0,235	0,395	0,425	0,565	0,705	0,88	1,11	1,41
5.	0,245	0,42	0,47	0,615	0,77	1,00	1,23	1,565
6.	0,28	0,47	0,535	0,69	0,85	1,08	1,33	1,705
7.	0,355	0,61	0,65	0,84	1,075	1,35	1,68	2,12
8.	0,52	0,81	0,865	1,18	1,43	1,94	2,26	2,92
9.	0,79	1,35	1,55	1,84	2,50	3,145	3,80	4,81
10.	1,67	2,80	3,62	4,92	5,95	6,25	8,65	11,14

10. Leerlaufleistung

Bezeichnung	n_M	n_G	n	G_M	$N_L = \dfrac{G_M \cdot n_M}{1432}$
Dimension	min⁻¹	min⁻¹	min⁻¹	kg	PS
1.	770	1410	2820	0,26	0,14
2.	1000	1830	3660	0,29	0,20
3.	1140	2080	4160	0,30	0,24
4.	1340	2460	4920	0,29	0,27
5.	1580	2890	5780	0,29	0,32
6.	1800	3300	6600	0,28	0,35
7.	2040	3740	7480	0,27	0,385
8.	2120	3890	7780	0,27	0,40
9.	2190	4020	8040	0,28	0,43
10.	2260	4140	8280	0,28	0,44
11.	2320	4250	8500	0,28	0,455

X. Ermittlung des Betriebspunktes

Zur Feststellung des Betriebspunktes des Gebläses wurde das Ansaugrohr mit der Einlaufdüse auf ein in einen Kompressor eingebautes Kühlgebläse der gleichen Bauart gesetzt und der Drehzahlbereich des Kompressors durchgefahren. Die Drehzahlübersetzung von der Kompressorkurbelwelle bis zum Laufrad ist 1:4,25. Die Verkleidungsbleche um die Zylinder waren geschlossen, wie das bei Normalbetrieb der Fall ist. Es lag also bei allen Drehzahlen gleiche Drosselung vor, weshalb die in das Kennfeld Abbildung 8 eingetragenen Betriebspunkte ⊚ auf einer Parabel gleichen Stoßzustandes ─·─·─ liegen. Die gemessenen Fördervolumina mußten auf die Drehzahlen der eingetragenen Kennlinien reduziert werden, da der Antriebsmotor des Kompressors nur stufenweise regelbar war. Eine gute Kontrolle über die Richtigkeit der aufgenommenen Betriebspunkte stellt die Eintragung des Betriebspunktes in das φ-ψ-Diagramm Abbildung 13 dar, da hierfür die Werte nicht reduziert zu werden brauchen. Der Betriebspunkt liegt für die untersuchten Drehzahlen bereits auf dem abfallenden Ast der Kennlinien. Trotz dieser relativ günstigen Lage der Betriebspunkte auf den Drehzahlkurven, wäre es zweckmäßig, die Parabel der Betriebszustände noch weiter in das Gebiet größerer Fördermenge zu verlegen, weil mit größerwerdendem Fördervolumen die Durchtrittsgeschwindigkeit der Kühlluft durch die Kühlrippen der Zylinder steigt, und dadurch der Wärmeübergang bzw. die Kühlung verbessert wird. Als weiteren Vorteil erreicht man dabei gleichzeitig eine Senkung der Antriebsleistung. Die Verlegung des Betriebspunktes nach rechts auf der Kennlinie ist leicht zu erreichen durch eine Vergrößerung der Austrittsschlitze in der Blechverkleidung, was einer Verminderung der Drosselung entspricht. Das damit verbundene Absinken der Förderhöhe dürfte sich bei der verwendeten Anordnung nicht weiter nachteilig auswirken.

Meßprotokoll für Betriebspunkte

Lfd.Nr.	Bezeichnung	Dimension	1.	2.	3.	4.	5.	6.	7.	8.	9.
1	B_A	mm QS	745,0	745,2	745,5	745,6	745,9	746,1	746,2	746,3	746,5
2	b_A	mm QS	-3,1	-3,4	-3,6	-3,8	-4,1	-4,3	-4,4	-4,5	-4,6
3	t_A	°C	25	27	29	30	33	34	35	36	37
4	$P_A - P_E$	mm WS	7	14	25,5	30,5	37,5	44,5	50,5	56	60
5	$P_{a\,stat.}$	mm WS	-5	-10	-17	-20,5	-24,5	-30	-34	-37,5	-40
6	t_a	°C	30	32	35	36	39	41	42	44	45
7	$n_{Kompr.}$	min^{-1}	530	750	1010	1110	1250	1360	1450	1530	1580

Forschungsberichte des Wirtschafts- und Verkehrsministeriums Nordrhein-Westfalen

Auswertungstabelle für Betriebspunkte

Lfd.Nr.	Bezeichnung	Dimension	1.	2.	3.	4.	5.	6.	7.	8.	9.
1	$P_A = (B_A + b_A) \cdot 13{,}6$	kg/m^2	10090	10090	10090	10090	10090	10090	10090	10090	10090
2	$T_A = 273 + t_A$	°K	298	300	302	303	306	307	308	309	310
3	$\gamma_A = \dfrac{P_A}{29{,}27 \cdot T_A}$	kg/m^3	1,16	1,15	1,14	1,14	1,125	1,12	1,12	1,115	1,11
4	ε	-	1,0	0,999	0,999	0,998	0,998	0,998	0,997	0,997	0,997
5	$G = 0{,}121 \cdot \sqrt{\gamma_A} \cdot \sqrt{P_A - P_E}$	kg/sec	0,345	0,485	0,65	0,71	0,785	0,85	0,91	0,95	0,99
6	$V = \dfrac{G}{\gamma_A}$	m^3/sec	0,30	0,42	0,57	0,625	0,70	0,76	0,81	0,85	0,89
7	$n = 4{,}25 \cdot n_{Kompr.}$	min^{-1}	2255	3190	4290	4720	5310	5780	6160	6500	6710
8	n_o	min^{-1}	2800	2700	4250	5000	5000	5700	5700	6500	6500
9	$\dfrac{n_o}{n}$		1,24	1,16	0,991	1,06	0,942	0,986	0,925	1,0	0,968
10	$V' = V \dfrac{n_o}{n}$	m^3/sec	0,372	0,487	0,565	0,662	0,658	0,750	0,750	0,850	0,862
11	$u_2 = 14{,}14 \cdot 10^{-3} \cdot n$	m/sec	31,9	45,1	60,7	66,7	75,2	81,8	87,2	92,0	95,0
12	u_2^2	m^2/sec^2	1018	2034	3685	4449	5655	6691	7604	8464	9025
13	$\varphi = 28{,}95 \dfrac{V}{u_2}$	-	0,272	0,270	0,272	0,271	0,270	0,269	0,269	0,268	0,272
14	$\psi = 19{,}61 \dfrac{H}{u_2^2}$	-	0,23	0,25	0,25	0,24	0,23	0,24	0,23	0,22	0,22
15	$H'^{3/4}$	-	9,28	14,24	17,08	21,96	21,96	26,75	26,75	30,67	30,69
16	$n_q = \dfrac{n_o \sqrt{V'}}{H'^{3/4}}$		184	181	187	185	185	185	185	195	196

XI. Zusammenfassung

Für ein vorhandenes Kühlgebläse wurde ein Versuchsstand konstruiert und aufgebaut. Durch Versuchsreihen wurden das Kennfeld, die Gebläsewirkungsgrade, die Antriebsleistung sowie der spezifische Leistungsbedarf (PSh/m^3) ermittelt. Die Ergebnisse sind graphisch dargestellt. Außerdem wurde aus den Messungen ein dimensionsloses Kennfeld (Druckzahl ψ = f (Lieferzahl φ)) als Charakteristik des Gebläses aufgestellt.

Zur Ermittlung der Betriebskennlinie wurde ein an einem Kompressor angebautes Gebläse, welches dem vorher untersuchten Gebläse in seinen Auslegungsdaten genau entspricht, untersucht. Eine Betrachtung der in das Kennfeld eingetragenen Betriebspunkte zeigt, daß das Kühlgebläse bereits in einem relativ günstigen Bereich arbeitet. Eine weitere Verbesserung sowohl der Kühlverhältnisse als auch des Leistungsaufwandes kann durch eine Vergrößerung des Fördervolumens erzielt werden.

Als Endergebnis kann festgestellt werden, daß eine Verringerung des Leistungsaufwandes für den Kompressor und eine Absenkung der Temperatur im Druckstutzen durch Vergrößerung der Auslaßschlitze in der Blechverkleidung erreicht werden kann. Um eine günstige Umströmung der Zylinder mit Kühlluft aufrechtzuerhalten, ist es zweckmäßig, die senkrechte Erstreckung der Schlitze zu vergrößern.

Prof. Dr.-Ing. Karl LEIST, Aachen
Dipl.-Ing. M. PÖTKE, Aachen

XII. Literaturverzeichnis

(1)	ECK, B.	Technische Strömungslehre. Springer-Verlag 1949
(2)	ECK, B.	Ventilatoren. Springer-Verlag 1937
(3)	KELLER, C.	Axialgebläse. Diss.-Druckerei A.G. Gebr. Leemann und Co., Zürich 1934
(4)	PFLEIDERER, C.	Die Kreiselpumpe für Flüssigkeiten und Gase. Springer-Verlag 1949
(5)		VDI-Verdichterregeln DIN 1945, 3. Auflage. VDI-Verlag 1934
(6)		VDI-Durchflußmeßregeln DIN 1952, 6. Auflage. VDI-Verlag 1948
(7)	STACH, E.	Die Beiwerte von Normdüsen und Normblenden im Einlauf und Auslauf. Z.VDI Bd. 78 (1934) S.187/89

FORSCHUNGSBERICHTE
DES WIRTSCHAFTS- UND VERKEHRSMINISTERIUMS
NORDRHEIN-WESTFALEN

Herausgegeben von Staatssekretär Prof. Leo Brandt

HEFT 1
Prof. Dr.-Ing. E. Flegler, Aachen
Untersuchungen oxydischer Ferromagnet-Werkstoffe
1952, 20 Seiten, DM 6,75

HEFT 2
Prof. Dr. W. Fuchs, Aachen
Untersuchungen über absatzfreie Teeröle
1952, 32 Seiten, 5 Abb., 6 Tabellen, DM 10,—

HEFT 3
Techn.-Wissenschaftl. Büro für die Bastfaserindustrie, Bielefeld
Untersuchungsarbeiten zur Verbesserung des Leinenwebstuhls
1952, 44 Seiten, 7 Abb., 3 Tabellen, DM 12,50

HEFT 4
Prof. Dr. E. A. Müller und Dipl.-Ing. H. Spitzer, Dortmund
Untersuchungen über die Hitzebelastung in Hüttebetrieben
1952, 28 Seiten, 5 Abb., 1 Tabelle, DM 9,—

HEFT 5
Dipl.-Ing. W. Fister, Aachen
Prüfstand der Turbinenuntersuchungen
1952, 40 Seiten, 30 Abb., 3 Schaltbilder, DM 1,—

HEFT 6
Prof. Dr. W. Fuchs, Aachen
Untersuchungen über die Zusammensetzung und Verwendbarkeit von Schwelteerfraktionen
1952, 36 Seiten, DM 10.50

HEFT 7
Prof. Dr. W. Fuchs, Aachen
Untersuchungen über emsländisches Petrolatum
1952, 36 Seiten, 1 Abb., 17 Tabellen, DM 10,50

HEFT 8
M. E. Meffert und H. Stratmann, Essen
Algen-Großkulturen im Sommer 1951
1953, 52 Seiten, 4 Abb., 20 Tabellen, DM 9,75

HEFT 9
Techn.-Wissenschaftl. Büro für die Bastfaserindustrie, Bielefeld
Untersuchungen über die zweckmäßige Wicklungsart von Leinengarnkreuzspulen unter Berücksichtigung der Anwendung hoher Geschwindigkeiten des Garnes
Vorversuche für Zetteln und Schären von Leinengarnen auf Hochleistungsmaschinen
1952, 48 Seiten, 7 Abb., 7 Tabellen, DM 9,25

HEFT 10
Prof. Dr. W. Vogel, Köln
„Das Streifenpaar" als neues System zur mechanischen Vergrößerung kleiner Verschiebungen und seine technischen Anwendungsmöglichkeiten
1953, 20 Seiten, 6 Abb., DM 4,50

HEFT 11
Laboratorium für Werkzeugmaschinen und Betriebslehre, Technische Hochschule Aachen
1. Untersuchungen über Metallbearbeitung im Fräsvorgang mit Hartmetallwerkzeugen und negativem Spanwinkel
2. Weiterentwicklung des Schleifverfahrens für die Herstellung von Präzisionswerkstücken unter Vermeidung hoher Temperaturen
3. Untersuchung von Oberflächenveredlungsverfahren zur Steigerung der Belastbarkeit hochbeanspruchter Bauteile
1953, 80 Seiten, 61 Abb., DM 15,75

HEFT 12
Elektrowärme-Institut, Langenberg (Rhld.)
Induktive Erwärmung mit Netzfrequenz
1952, 22 Seiten 6 Abb., DM 5,20

HEFT 13
Techn.-Wissenschaftl. Büro für die Bastfaserindustrie, Bielefeld
Das Naßspinnen von Bastfasergarnen mit chemischen Zusätzen zum Spinnbad
1953, 52 Seiten, 4 Abb., 19 Tabellen, DM 10,—

HEFT 14
Forschungsstelle für Acetylen, Dortmund
Untersuchungen über Aceton als Lösungsmittel für Acetylen
1952, 64 Seiten, 10 Abb., 26 Tabellen, DM 12,25

HEFT 15
Wäschereiforschung Krefeld
Trocknen von Wäschestoffen
1953, 48 Seiten, 14 Abb., 2 Tabellen, DM 9,—

HEFT 16
Max-Planck-Institut für Kohlenforschung, Mülheim a. d. Ruhr
Arbeiten des MPI für Kohlenforschung
1953, 104 Seiten, 9 Abb., DM 17,80

HEFT 17
Ingenieurbüro Herbert Stein, M.-Gladbach
Untersuchung der Verzugsvorgänge in den Streckwerken verschiedener Spinnereimaschinen. 1. Bericht: Vergleichende Prüfung mit verschiedenen Dickenmeßgeräten
1952, 36 Seiten, 15 Abb., DM 8,—

HEFT 18
Wäschereiforschung Krefeld
Grundlagen zur Erfassung der chemischen Schädigung beim Waschen
1953, 68 Seiten, 15 Abb., 15 Tabellen, DM 12,75

HEFT 19
Techn.-Wissenschaftl. Büro für die Bastfaserindustrie, Bielefeld
Die Auswirkung des Schlichtens von Leinengarnketten auf den Verarbeitungswirkungsgrad, sowie die Festigkeit und Dehnungsverhältnisse der Garne und Gewebe
1953, 48 Seiten, 1 Abb., 9 Tabellen, DM 9,—

HEFT 20
Techn.-Wissenschaftl. Büro für die Bastfaserindustrie, Bielefeld
Trocknung von Leinengarnen I
Vorgang und Einwirkung auf die Garnqualität
1953, 62 Seiten, 18 Abb., 5 Tabellen, DM 12,—

HEFT 21
Techn.-Wissenschaftl. Büro für die Bastfaserindustrie, Bielefeld
Trocknung von Leinengarnen II
Spulenanordnung und Luftführung beim Trocknen von Kreuzspulen
1953, 66 Seiten, 22 Abb., 9 Tabellen, DM 13,—

HEFT 22
Techn.-Wissenschaftl. Büro für die Bastfaserindustrie, Bielefeld
Die Reparaturanfälligkeit von Webstühlen
1953, 28 Seiten, 7 Abb., 5 Tabellen, DM 5,80

HEFT 23
Institut für Starkstromtechnik, Aachen
Rechnerische und experimentelle Untersuchungen zur Kenntnis der Metadyne als Umformer von konstanter Spannung auf konstanten Strom
1953, 52 Seiten, 20 Abb., 4 Tafeln, DM 9,75

HEFT 24
Institut für Starkstromtechnik, Aachen
Vergleich verschiedener Generator-Metadyne-Schaltungen in bezug auf statisches Verhalten
1952, 44 Seiten, 23 Abb., DM 8,50

HEFT 25
Gesellschaft für Kohlentechnik mbH., Dortmund-Eving
Struktur der Steinkohlen und Steinkohlen-Kokse
1953, 58 Seiten, DM 11,—

HEFT 26
Techn.-Wissenschaftl. Büro für die Bastfaserindustrie, Bielefeld
Vergleichende Untersuchungen zweier neuzeitlicher Ungleichmäßigkeitsprüfer für Bänder und Garne hinsichtlich ihrer Eignung für die Bastfaserspinnerei
1953, 64 Seiten, 30 Abb., DM 12,50

HEFT 27
Prof. Dr. E. Schratz, Münster
Untersuchungen zur Rentabilität des Arzneipflanzenanbaues Römische Kamille, Anthemis nobilis L.
1953, 16 Seiten, 1 Tabelle, DM 3,60

HEFT 28
Prof. Dr. E. Schratz, Münster
Calendula officinalis L. Studien zur Ernährung, Blütenfüllung und Rentabilität der Drogengewinnung
1953, 24 Seiten, 2 Abb., 3 Tabellen, DM 5,20

HEFT 29
Techn.-Wissenschaftl. Büro für die Bastfaserindustrie, Bielefeld
Die Ausnützung der Leinengarne in Geweben
1953, 100 Seiten, 14 Abb., 10 Tabellen, DM 17,80

HEFT 30
Gesellschaft für Kohlentechnik mbH., Dortmund-Eving
Kombinierte Entaschung und Verschwelung von Steinkohle; Aufarbeitung von Steinkohlenschlämmen zu verkokbarer oder verschwelbarer Kohle
1953, 56 Seiten, 16 Abb., 10 Tabellen, DM 10,50

HEFT 31
Dipl.-Ing. A. Stormanns, Essen
Messung des Leistungsbedarfs von Doppelsteg-Kettenförderern
1954, 54 Seiten, 18 Abb., 3 Anlagen, DM 11,—

HEFT 32
Techn.-Wissenschaftl. Büro für die Bastfaserindustrie, Bielefeld
Der Einfluß der Natriumchloridbleiche auf Qualität und Verwebbarkeit von Leinengarnen und die Eigenschaften der Leinengewebe unter besonderer Berücksichtigung des Einsatzes von Schützen- und Spulenwechselautomaten in der Leinenweberei
1953, 64 Seiten, 2 Abb., 12 Tabellen, DM 11,50

HEFT 33
Kohlenstoffbiologische Forschungsstation e. V.
Eine Methode zur Bestimmung von Schwefeldioxyd und Schwefelwasserstoff in Rauchgasen und in der Atmosphäre
1953, 32 Seiten, 8 Abb., 3 Tabellen, DM 6.50

HEFT 34
Textilforschungsanstalt Krefeld
Quellungs- und Entquellungsvorgänge bei Faserstoffen
1953, 52 Seiten, 13 Abb., 13 Tabellen, DM 9,80

WESTDEUTSCHER VERLAG · KÖLN UND OPLADEN

HEFT 35
Professor Dr. W. Kast, Krefeld
Feinstrukturuntersuchungen an künstlichen Zellulosefasern verschiedener Herstellungsverfahren.
Teil I: Der Orientierungszustand
1953, 74 Seiten, 30 Abb., 7 Tabellen, DM 13,80

HEFT 36
Forschungsinstitut der feuerfesten Industrie, Bonn
Untersuchungen über die Trocknung von Rohton
Untersuchungen über die chemische Reinigung von Silika- und Schamotte-Rohstoffen mit chlorhaltigen Gasen
1953, 60 Seiten, 5 Abb., 5 Tabellen, DM 11,—

HEFT 37
Forschungsinstitut der feuerfesten Industrie, Bonn
Untersuchungen über den Einfluß der Probenvorbereitung auf die Kaltdruckfestigkeit feuerfester Steine
1953, 40 Seiten, 2 Abb., 5 Tabellen, DM 7,80

HEFT 38
Forschungsstelle für Acetylen, Dortmund
Untersuchungen über die Trocknung von Acetylen zur Herstellung von Dissousgas
1953, 36 Seiten, 11 Abb., 3 Tabellen, DM 6,80

HEFT 39
Forschungsgesellschaft Blechverarbeitung e. V., Düsseldorf
Untersuchungen an prägegemusterten und vorgelochten Blechen
1953, 46 Seiten, 34 Abb., DM 9,50

HEFT 40
Landesgeologe Dr.-Ing. W. Wolff, Amt für Bodenforschung, Krefeld
Untersuchungen über die Anwendbarkeit geophysikalischer Verfahren zur Untersuchung von Spateisengängen im Siegerland
1953, 46 Seiten, 8 Abb., DM 8,80

HEFT 41
Techn.-Wissenschaftl. Büro für die Bastfaserindustrie, Bielefeld
Untersuchungsarbeiten zur Verbesserung des Leinenwebstuhles II
1953, 40 Seiten, 4 Abb., 5 Tabellen, DM 7,80

HEFT 42
Professor Dr. B. Helferich, Bonn
Untersuchungen über Wirkstoffe — Fermente — in der Kartoffel und die Möglichkeit ihrer Verwendung
1953, 58 Seiten, 9 Abb., DM 11,—

HEFT 43
Forschungsgesellschaft Blechverarbeitung e. V., Düsseldorf
Forschungsergebnisse über das Beizen von Blechen
1953, 48 Seiten, 38 Abb., 2 Tabellen, DM 11,30

HEFT 44
Arbeitsgemeinschaft für praktische Dehnungsmessung, Düsseldorf
Eigenschaften und Anwendungen von Dehnungsmeßstreifen
1953, 68 Seiten, 43 Abb., 2 Tabellen, DM 13,70

HEFT 45
Losenhausenwerk Düsseldorfer Maschinenbau AG, Düsseldorf
Untersuchungen von störenden Einflüssen auf die Lastgrenzenanzeige von Dauerschwingprüfmaschinen
1953, 36 Seiten, 11 Abb., 3 Tabellen, DM 7,25

HEFT 46
Prof. Dr. W. Fuchs, Aachen
Untersuchungen über die Aufbereitung von Wasser für die Dampferzeugung in Benson-Kesseln
1953, 58 Seiten, 18 Abb., 9 Tabellen, DM 11,20

HEFT 47
Prof. Dr.-Ing. K. Krekeler, Aachen
Versuche über die Anwendung der induktiven Erwärmung zum Sintern von hochschmelzenden Metallen sowie zur Anlegierung und Vergütung von aufgespritzten Metallschichten mit dem Grundwerkstoff
1954, 66 Seiten, 39 Abb., DM 13,90

HEFT 48
Max-Planck-Institut für Eisenforschung, Düsseldorf
Spektrochemische Analyse der Gefügebestandteile in Stählen nach ihrer Isolierung
1953, 38 Seiten, 8 Abb., 5 Tabellen, DM 7,80

HEFT 49
Max-Planck-Institut für Eisenforschung, Düsseldorf
Untersuchungen über Ablauf der Desoxydation und die Bildung von Einschlüssen in Stählen
1953, 52 Seiten, 19 Abb., 3 Tabellen, DM 12,40

HEFT 50
Max-Planck-Institut für Eisenforschung, Düsseldorf
Flammenspektralanalytische Untersuchung der Ferritzusammensetzung in Stählen
1953, 44 Seiten, 15 Abb., 4 Tabellen, DM 8,60

HEFT 51
Verein zur Förderung von Forschungs- und Entwicklungsarbeiten in der Werkzeugindustrie e. V., Remscheid
Untersuchungen an Kreissägeblättern für Holz, Fehler- und Spannungsprüfverfahren
1953, 50 Seiten, 23 Abb., DM 10,—

HEFT 52
Forschungsstelle für Acetylen, Dortmund
Untersuchungen über den Umsatz bei der explosiblen Zersetzung von Azetylen
a) Zersetzung von gasförmigem Azetylen
b) Zersetzung von an Silikagel adsorbiertem Azetylen
1954, 48 Seiten, 8 Abb., 10 Tabellen, DM 9,25

HEFT 53
Professor Dr.-Ing. H. Opitz, Aachen
Reibwert und Verschleißmessungen an Kunststoffgleitführungen für Werkzeugmaschinen
1954, 38 Seiten, 18 Abb., DM 8,20

HEFT 54
Professor Dr.-Ing. F. A. F. Schmidt, Aachen
Schaffung von Grundlagen für die Erhöhung der spez. Leistung und Herabsetzung des spez. Brennstoffverbrauches bei Ottomotoren mit Teilbericht über Arbeiten an einem neuen Einspritzverfahren
1954, 34 Seiten, 15 Abb., DM 7,40

HEFT 55
Forschungsgesellschaft Blechverarbeitung e. V. Düsseldorf
Chemisches Glänzen von Messing und Neusilber
1954, 50 Seiten, 21 Abb., 1 Tabelle, DM 10,20

HEFT 56
Forschungsgesellschaft Blechverarbeitung e. V., Düsseldorf
Untersuchungen über einige Probleme der Behandlung von Blechoberflächen
1954, 52 Seiten, 42 Abb., DM 11,20

HEFT 57
Prof. Dr.-Ing. F. A. F. Schmidt, Aachen
Untersuchungen zur Erforschung des Einflusses des chemischen Aufbaues des Kraftstoffe auf sein Verhalten im Motor und in Brennkammern von Gasturbinen
1954, 70 Seiten, 32 Abb., DM 14,60

HEFT 58
Gesellschaft für Kohlentechnik mbH., Dortmund
Herstellung und Untersuchung von Steinkohlenschwelteer
1954, 74 Seiten, 9 Abb., 9 Tabellen, DM 13,75

HEFT 59
Forschungsinstitut der Feuerfest-Industrie e. V., Bonn
Ein Schnellanalysenverfahren zur Bestimmung von Aluminiumoxyd, Eisenoxyd und Titanoxyd in feuerfestem Material mittels organischer Farbreagenzien auf photometrischem Wege
Untersuchungen des Alkali-Gehaltes feuerfester Stoffe mit dem Flammenphotometer nach Riehm-Lange
1954, 62 Seiten, 12 Abb., 3 Tabellen, DM 11,60

HEFT 60
Forschungsgesellschaft Blechverarbeitung e. V., Düsseldorf
Untersuchungen über das Spritzlackieren im elektrostatischen Hochspannungsfeld
1954, 82 Seiten, 53 Abb., 7 Tabellen, DM 17,—

HEFT 61
Verein zur Förderung von Forschungs- und Entwicklungsarbeiten in der Werkzeugindustrie e. V., Remscheid
Schwingungs- und Arbeitsverhalten von Kreissägeblättern für Holz
1954, 54 Seiten, 31 Abb., DM 11,40

HEFT 62
Professor Dr. W. Franz, Institut für theoretische Physik der Universität Münster
Berechnung des elektrischen Durchschlags durch feste und flüssige Isolatoren
1954, 36 Seiten, DM 7,—

HEFT 63
Textilforschungsanstalt Krefeld
Neue Methoden zur Untersuchung der Wirkungsweise von Textilhilfsmitteln
Untersuchungen über Schlichtungs- und Entschlichtungsvorgänge
1954, 34 Seiten, 1 Abb., 5 Tabellen, DM 6,80

HEFT 64
Textilforschungsanstalt Krefeld
Die Kettenlängenverteilung von hochpolymeren Faserstoffen
Über die fraktionierte Fällung von Polyamiden
1954, 44 Seiten, 13 Abb., DM 8,60

HEFT 65
Fachverband Schneidwarenindustrie, Solingen
Untersuchungen über das elektrolytische Polieren von Tafelmesserklingen aus rostfreiem Stahl
1954, 90 Seiten, 38 Abb., 9 Tabellen, DM 17,35

HEFT 66
Dr.-Ing. P. Füsgen VDI †, Düsseldorf
Untersuchungen über das Auftreten des Ratterns bei selbsthemmenden Schneckengetrieben und seine Verhütung
1954, 32 Seiten, 5 Abb., DM 6,60

HEFT 67
Heinrich Wösthoff o. H. G., Apparatebau, Bochum
Entwicklung einer chemisch-physikalischen Apparatur zur Bestimmung kleinster Kohlenoxyd-Konzentrationen
1954, 94 Seiten, 48 Abb., 2 Tabellen, DM 18,25

HEFT 68
Kohlenstoffbiologische Forschungsstation e. V., Essen
Algengroßkulturen im Sommer 1952
II. Über die unsterile Großkultur von Scenedesmus obliquus
1954, 62 Seiten, 3 Abb., 29 Tabellen, DM 11,40

HEFT 69
Wäschereiforschung Krefeld
Bestimmung des Faserabbaues bei Leinen unter besonderer Berücksichtigung der Leinengarnbleiche
1954, 48 Seiten, 15 Abb., 3 Tabellen, DM 9,60

HEFT 70
Wäschereiforschung Krefeld
Trocknen von Wäschestoffen
1954, 52 Seiten, 18 Abb., 3 Tabellen, DM 10,—

HEFT 71
Prof. Dr.-Ing. K. Leist, Aachen
Kleingasturbinen, insbesondere zum Fahrzeugantrieb
1954, 114 Seiten, 85 Abb., DM 22,—

HEFT 72
Prof. Dr.-Ing. K. Leist, Aachen
Beitrag zur Untersuchung von stehenden geraden Turbinengittern mit Hilfe von Druckverteilungsmessungen
1954, 152 Seiten, 111 Abb., DM 36,20

HEFT 73
Prof. Dr.-Ing. K. Leist, Aachen
Spannungsoptische Untersuchungen von Turbinenschaufelfüßen
1954, 66 Seiten, 46 Abb., 2 Tabellen, DM 14,60

HEFT 74
Max-Planck-Institut für Eisenforschung, Düsseldorf
Versuche zur Klärung des Umwandlungsverhaltens eines sonderkarbidbildenden Chromstahls
1954, 58 Seiten, 10 Abb., DM 14,—

HEFT 75
Max-Planck-Institut für Eisenforschung, Düsseldorf
Zeit-Temperatur-Umwandlungs-Schaubilder als Grundlage der Wärmebehandlung der Stähle
1954, 44 Seiten, 13 Abb., DM 8,70

HEFT 76
Max-Planck-Institut für Arbeitsphysiologie, Dortmund
Arbeitstechnische und arbeitsphysiologische Rationalisierung von Mauersteinen
1954, 52 Seiten, 12 Abb., 3 Tabellen, DM 10,20

HEFT 77
Meteor Apparatebau Paul Schmeck GmbH., Siegen
Entwicklung von Leuchtstoffröhren hoher Leistung
1954, 46 Seiten, 12 Abb., 2 Tabellen, DM 9,15

HEFT 78
Forschungsstelle für Acetylen, Dortmund
Über die Zustandsgleichung des gasförmigen Acetylens und das Gleichgewicht Acetylen — Aceton
1954, 42 Seiten, 3 Abb., 8 Tabellen, DM 8,—

HEFT 79
Techn.-Wissenschaftl. Büro für die Bastfaserindustrie, Bielefeld
Trocknung von Leinengarnen III
Spinnspulen- und Spinnkopstrocknung
Vorgang und Einwirkung auf die Garnqualität
1954, 74 Seiten, 18 Abb., 10 Tabellen, DM 14,—

WESTDEUTSCHER VERLAG · KÖLN UND OPLADEN

HEFT 80
Techn.-Wissenschaftl. Büro für die Bastfaserindustrie, Bielefeld
Die Verarbeitung von Leinengarn auf Webstühlen mit und ohne Oberbau
1954, 30 Seiten, 2 Abb., 2 Tabellen, DM 6,—

HEFT 81
Prüf- und Forschungsinstitut für Ziegeleierzeugnisse, Essen-Kray
Die Einführung des großformatigen Einheits-Gitterziegels im Lande Nordrhein-Westfalen
1954, 54 Seiten, 2 Abb., 2 Tabellen, DM 10,—

HEFT 82
Vereinigte Aluminium-Werke AG., Bonn
Forschungsarbeiten auf dem Gebiet der Veredelung von Aluminium-Oberflächen
1954, 46 Seiten, 34 Abb., DM 9,60

HEFT 83
Prof. Dr. S. Strugger, Münster
Über die Struktur der Proplastiden
1954, 30 Seiten, 15 Abb., DM 8,40

HEFT 84
Dr. H. Baron, Düsseldorf
Über Standardisierung von Wundtextilien
1954, 32 Seiten, DM 6,40

HEFT 85
Textilforschungsanstalt Krefeld
Physikalische Untersuchungen an Fasern, Fäden, Garnen und Geweben:
Untersuchungen am Knickscheuergerät nach Weltzien
1954, 40 Seiten, 11 Abb., 8 Tabellen, DM 10,—

HEFT 86
Prof. Dr.-Ing. H. Opitz, Aachen
Untersuchungen über das Fräsen von Baustahl sowie über den Einfluß des Gefüges auf die Zerspanbarkeit
1954, 108 Seiten, 73 Abb., 7 Tabellen, DM 22,—

HEFT 87
Gemeinschaftsausschuß Verzinken, Düsseldorf
Untersuchungen über Güte von Verzinkungen
1954, 68 Seiten, 56 Abb., 3 Tabellen, DM 15,30

HEFT 88
Gesellschaft für Kohlentechnik mbH., Dortmund-Eving
Oxydation von Steinkohle mit Salpetersäure
1954, 62 Seiten, 2 Abb., 1 Tabelle, DM 11,50

HEFT 89
*Verein Deutscher Ingenieure, Gleitlagerforschung, Düsseldorf
und Prof. Dr.-Ing. G. Vogelpohl, Göttingen*
Versuche mit Preßstoff-Lagern für Walzwerke
1954, 70 Seiten, 34 Abb., DM 14,10

HEFT 90
Forschungs-Institut der Feuerfest-Industrie, Bonn
Das Verhalten von Silikasteinen im Siemens-Martin-Ofengewölbe
1954, 62 Seiten, 15 Abb., 11 Tabellen, DM 11,90

HEFT 91
Forschungs-Institut der Feuerfest-Industrie, Bonn
Untersuchungen des Zusammenhangs zwischen Leistung und Kohlenverbrauch von Kammeröfen zum Brennen von feuerfesten Materialien
1954, 42 Seiten, 6 Abb., DM 8,30

HEFT 92
*Techn.-Wissenschaftl. Büro für die Bastfaserindustrie, Bielefeld
und Laboratorium für textile Meßtechnik, M.-Gladbach*
Messungen von Vorgängen am Webstuhl
1954, 76 Seiten, 45 Abb., DM 15,50

HEFT 93
Prof. Dr. W. Kast, Krefeld
Spinnversuche zur Strukturerfassung künstlicher Zellulosefasern
1954, 82 Seiten, 39 Abb., 6 Tabellen, DM 16,—

HEFT 94
Prof. Dr. G. Winter, Bonn
Die Heilpflanzen des MATTHIOLUS (1611) gegen Infektionen der Harnwege und Verunreinigung der Wunden bzw. zur Förderung der Wundheilung im Lichte der Antibiotikaforschung
1954, 58 Seiten, 1 Abb., 2 Tabellen, DM 11,50

HEFT 95
Prof. Dr. G. Winter, Bonn
Untersuchungen über die flüchtigen Antibiotika aus der Kapuziner- (Tropaeolum maius) und Gartenkresse (Lepidium sativum) und ihr Verhalten im menschlichen Körper bei Aufnahme von Kapuziner- bzw. Gartenkressensalat per os
1955, 74 Seiten, 9 Abb., 25 Tabellen, DM 14,—

HEFT 96
Dr.-Ing. P. Koch, Dortmund
Austritt von Exoelektronen aus Metalloberflächen unter Berücksichtigung der Verwendung des Effektes für die Materialprüfung
1954, 34 Seiten, 13 Abb., DM 7,—

HEFT 97
Ing. H. Stein, Laboratorium für textile Meßtechnik, M.-Gladbach
Untersuchung der Verzugsvorgänge an den Streckwerken verschiedener Spinnereimaschinen
2. Bericht: Ermittlung der Haft-Gleiteigenschaften von Faserbändern und Vorgarnen
1955, 98 Seiten, 54 Abb., DM 21,—

HEFT 98
Fachverband Gesenkschmieden, Hagen
Die Arbeitsgenauigkeit beim Gesenkschmieden unter Hämmern
1955, 132 Seiten, 55 Abb., 9 Tabellen, DM 24,75

HEFT 99
Prof. Dr.-Ing. G. Garbotz, Aachen
Der Kraft- und Arbeitsaufwand sowie die Leistungen beim Biegen von Bewehrungsstählen in Abhängigkeit von den Abmessungen, den Formen und der Güte der Stähle (Ermittlung von Leistungsrichtlinien)
1955, 136 Seiten, 53 Abb., 3 Anlagen, 18 Tabellen, DM 30,—

HEFT 100
Prof. Dr.-Ing. H. Opitz, Aachen
Untersuchungen von elektrischen Antrieben, Steuerungen und Regelungen an Werkzeugmaschinen
1955, 166 Seiten, 71 Abb., 3 Tabellen, DM 31,30

HEFT 101
Prof. Dr.-Ing. H. Opitz, Aachen
Wirtschaftlichkeitsbetrachtungen beim Außenrundschleifen
1955, 100 Seiten, 56 Abb., 3 Tabellen, DM 19,30

HEFT 102
Dr. P. Hölemann, Ing. R. Hasselmann und Ing. G. Dix, Dortmund
Untersuchungen über die thermische Zündung von explosiblen Acetylenzersetzungen in Kapillaren
1954, 44 Seiten, 5 Abb., 4 Tabellen, DM 8,60

HEFT 103
Prof. Dr. W. Weizel, Bonn
Durchführung von experimentellen Untersuchungen über den zeitlichen Ablauf von Funken in komprimierten Edelgasen sowie zu deren mathematischen Berechnung
1955, 46 Seiten, 12 Abb., DM 9,10

HEFT 104
Prof. Dr. W. Weizel, Bonn
Über den Einfluß der Elektroden auf die Eigenschaften von Cadmium-Sulfid-Widerstands-Photozellen
1955, 48 Seiten, 12 Abb., DM 9,45

HEFT 105
Dr.-Ing. R. Meldau, Harsewinkel/Westf.
Auswertung von Gekörn — Analysen des Musterstaubes „Flugasche Fortuna I"
1955, 42 Seiten, 14 Abb., DM 8,50

HEFT 106
ORR. Dr.-Ing. W. Küch, Dortmund
Untersuchungen über die Einwirkung von feuchtigkeitsgesättigter Luft auf die Festigkeit von Leimverbindungen
1954, 60 Seiten, 10 Abb., 6 Tabellen, DM 11,40

HEFT 107
Prof. Dr. H. Lange und Dipl.-Phys. P. St. Pütter, Köln
Über die Konstruktion von Laboratoriumsmagneten
1955, 66 Seiten, 19 Abb., 1 Tabelle, DM 12,30

HEFT 108
Prof. Dr. W. Fuchs, Aachen
Untersuchungen über neue Beizmethoden und Beizabwässer:
I. Die Entzunderung von Drähten mit Natriumhydrid
II. Die Aufbereitung von Beizabwässern
1955, 82 Seiten, 15 Abb., 14 Tabellen, 1 Falttafel, DM 15,25

HEFT 109
Dr. P. Hölemann und Ing. R. Hasselmann, Dortmund
Untersuchungen über die Löslichkeit von Azetylen in verschiedenen organischen Lösungsmitteln
1954, 42 Seiten, 10 Abb., 8 Tabellen, DM 8,30

HEFT 110
Dr. P. Hölemann und Ing. R. Hasselmann, Dortmund
Untersuchungen über den Druckverlauf bei der explosiblen Zersetzung von gasförmigem Azetylen
1955, 54 Seiten, 10 Abb., 5 Tabellen, DM 11,—

HEFT 111
Fachverband Steinzeugindustrie, Köln
Die Entwicklung eines Gerätes zur Beschickung seitlicher Feuer von Steinzeug-Einzelkammeröfen mit festen Brennstoffen
1955, 46 Seiten, 16 Abb., DM 9,40

HEFT 112
Prof. Dr.-Ing. H. Opitz, Aachen
Verschleißmessungen beim Drehen mit aktivierten Hartmetallwerkzeugen
1954, 44 Seiten, 17 Abb., 6 Tabellen, DM 8,80

HEFT 113
Prof. Dr. O. Graf, Dortmund
Erforschung der geistigen Ermüdung und nervösen Belastung: Studien über die vegetative 24-Stunden-Rhythmik in Ruhe und unter Belastung
1955, 40 Seiten, 12 Abb., DM 8,20

HEFT 114
Prof. Dr. O. Graf, Dortmund
Studien über Fließarbeitsprobleme an einer praxisnahen Experimentieranlage
1954, 34 Seiten, 6 Abb., DM 7,—

HEFT 115
Prof. Dr. O. Graf, Dortmund
Studium über Arbeitspausen in Betrieben bei freier und zeitgebundener Arbeit (Fließarbeit) und ihre Auswirkung auf die Leistungsfähigkeit
1955, 50 Seiten, 13 Abb., 2 Tabellen, DM 9,80

HEFT 116
Prof. Dr.-Ing. E. Siebel und Dr.-Ing. H. Weiss, Stuttgart
Untersuchungen an einigen Problemen des Tiefziehens — I. Teil
1955, 74 Seiten, 50 Abb., 5 Tabellen, DM 14,50

HEFT 117
Dr.-Ing. H. Beißwänger, Stuttgart, und Dr.-Ing. S. Schwandt, Trier
Untersuchungen an einigen Problemen des Tiefziehens — II. Teil
1955, 92 Seiten, 34 Abb., 8 Tabellen, DM 17,70

HEFT 118
Prof. Dr. E. A. Müller und Dr. H. G. Wenzel, Dortmund
Neuartige Klima-Anlage zur Erzeugung ungleicher Luft- und Strahlungstemperaturen in einem Versuchsraum
1955, 68 Seiten, 10 z. T. mehrfarb. Abb., DM 14,—

HEFT 119
Dr.-Ing. O. Viertel, Krefeld
Wäscherei- und energietechnische Untersuchung einer Gemeinschafts-Waschanlage
1955, 50 Seiten, 18 Abb., DM 10,20

HEFT 120
Dipl.-Ing. A. Weisbecker, Lüdenscheid
Über Anfressung an Reinstaluminium-Schweißnähten bei der elektrolytischen Oxydation
Gebr. Hörstermann GmbH., Velbert
Entwicklung und Erprobung eines neuartigen Gummibandförderers
1955, 46 Seiten, 18 Abb., DM 9,70

HEFT 121
Dr. H. Krebs, Bonn
I. Die Struktur und die Eigenschaften der Halbmetalle
II. Die Bestimmung der Atomverteilung in amorphen Substanzen
III. Die chemische Bindung in anorganischen Festkörpern und das Entstehen metallischer Eigenschaften
1955, 124 Seiten, 36 Abb., 13 Tabellen, DM 22,90

HEFT 122
Prof. Dr. W. Fuchs, Aachen
Untersuchungen zur Verbesserung der Wasseraufbereitung und Wasseranalyse:
Über die Schnellbewertung von Ionenaustauscher
1955, 62 Seiten, 32 Abb., DM 12,30

HEFT 123
Dipl.-Ing. J. Emondts, Aachen
Über Bodenverformungen bei stark gestörtem und mächtigem, wasserführendem Deckgebirge im Aachener Steinkohlengebiet
1955, 196 Seiten, 37 Abb., 10 Tabellen, DM 28,80

HEFT 124
Prof. Dr. R. Seyffert, Köln
Wege und Kosten der Distribution der Hausratwaren im Lande Nordrhein-Westfalen
1955, 74 Seiten, 25 Tabellen, DM 9,—

WESTDEUTSCHER VERLAG · KÖLN UND OPLADEN

HEFT 125
Prof. Dr. E. Kappler, Münster
Eine neue Methode zur Bestimmung von Kondensations-Koeffizienten von Wasser
1955, 46 Seiten, 11 Abb., 1 Tabelle, DM 9,10

HEFT 126
Prof. Dr.-Ing. J. Mathieu, Aachen
Arbeitszeitvergleich
Grundlagen, Methodik und praktische Durchführung
1955, 70 Seiten, DM 13,—

HEFT 127
Güteschutz Betonstein e. V.,
Arbeitskreis Nordrhein-Westfalen, Dortmund
Die Betonwaren-Gütesicherung im Lande Nordrhein-Westfalen
1955, 58 Seiten, 15 Abb., 3 Tabellen, DM 11,50

HEFT 128
Prof. Dr. O. Schmitz-DuMont, Bonn
Untersuchungen über Reaktionen in flüssigem Ammoniak
1955, 96 Seiten, 11 Abb., 6 Tabellen, DM 17,75

HEFT 129
Prof. Dr.-Ing. J. Mathieu und Dr. C. A. Roos, Aachen
Die Anlernung von Industriearbeitern
I. Ergebnisse einer grundsätzlichen Untersuchung der gegenwärtigen Industriearbeiter-Kurzanlernung
1955, 106 Seiten, DM 19,70

HEFT 130
Prof. Dr.-Ing. J. Mathieu und Dr. C. A. Roos, Aachen
Die Anlernung von Industriearbeitern
II. Beiträge zur Methodenfrage der Kurzanlernung
1955, 108 Seiten, DM 19,90

HEFT 131
Dr. W. Hoerburger, Köln
Versuche zur Biosynthese von Eiweiß aus Kohlenwasserstoff
1955, 34 Seiten, 2 Abb., DM 6,90

HEFT 132
Prof. Dr. W. Seith, Münster
Über Diffusionserscheinungen in festen Metallen
1955, 42 Seiten, 19 Abb., 4 Tabellen, DM 9,10

HEFT 133
Prof. Dr. E. Jenckel, Aachen
Über einen für Schwermetalle selektiven Ionenaustauscher
1955, 48 Seiten, 8 Abb., 13 Tabellen, DM 9,50

HEFT 134
Prof. Dr.-Ing. H. Winterhager, Aachen
Über die elektrochemischen Grundlagen der Schmelzfluß-Elektrolyse von Bleisulfid in geschmolzenen Mischungen mit Bleichlorid
1955, 54 Seiten, 20 Abb., 5 Tabellen, DM 11,80

HEFT 135
Prof. Dr.-Ing. K. Krekeler und Dr.-Ing. H. Peukert, Aachen
Die Änderung der mechanischen Eigenschaften thermoplastischer Kunststoffe durch Warmrecken
1955, 54 Seiten, 27 Abb., DM 11,10

HEFT 136
Dipl.-Phys. P. Pilz, Remscheid
Über spezielle Probleme der Zerkleinerungstechnik von Weichstoffen
1955, 58 Seiten, 19 Abb., 2 Tabellen, DM 11,50

HEFT 137
Prof. Dr. W. Baumeister, Münster
Beiträge zur Mineralstoffernährung der Pflanzen
1955, 64 Seiten, 6 Tabellen, DM 11,80

HEFT 138
Dr. P. Hölemann und Ing. R. Hasselmann, Dortmund
Untersuchungen über die Zersetzungswärme von gasförmigem und in Azeton gelöstem Azetylen
1955, 54 Seiten, 8 Abb., 7 Tabellen, DM 10,40

HEFT 139
Prof. Dr. W. Fuchs, Aachen
Studien über die thermische Zersetzung der Kohle und die Kohlendestillatprodukte
1955, 64 Seiten, 20 Abb., 22 Tabellen, DM 11,80

HEFT 140
Dr.-Ing. G. Hausberg, Essen
Modellversuche an Zyklonen
1955, 78 Seiten, 24 Abb., DM 15,70

HEFT 141
Dr. J. van Calker und Dr. R. Wienecke, Münster
Untersuchungen über den Einfluß dritter Analysenpartner auf die spektrochemische Analyse
1955, 42 Seiten, 15 Abb., DM 9,10

HEFT 142
Dipl.-Ing. G. M. F. Wiebel, Hannover, A. Konermann und A. Ottenheym, Sennelager
Entwicklung eines Kalksandleichtsteines
1955, 38 Seiten, 4 Abb., DM 8,—

HEFT 143
Prof. Dr. F. Wever, Dr. A. Rose und Dipl.-Ing. W. Straßburg, Düsseldorf
Härtbarkeit und Umwandlungsverhalten der Stähle
1955, 50 Seiten, 12 Abb., 3 Tabellen, DM 10,70

HEFT 144
Prof. Dr. H. Wurmbach, Bonn
Steuerung von Wachstum und Formbildung
1955, 48 Seiten, 19 Abb., DM 10,30

HEFT 145
Dr. G. Hennemann, Werdohl (Westf.)
Beitrag zur Interpretation der modernen Atomphysik
1955, 34 Seiten, DM 10,—

HEFT 146
Dr.-Ing. F. Gruß, Düsseldorf
Sterilisation mit Heißluft
1955, 34 Seiten, 10 Abb., DM 7,70

HEFT 147
Dr.-Ing. W. Rudisch, Unna
Untersuchung einer drehelastischen Elektromagnet-Synchronkupplung
1955, 82 Seiten, 65 Abb., DM 17,70

HEFT 148
Prof. Dr. H. Bittel u. Dipl.-Phys. L. Storm, Münster
Untersuchungen über Widerstandsrauschen
1955, 40 Seiten, 5 Abb., DM 8,40

HEFT 149
Dipl.-Ing. K. Konopicky und Dipl.-Chem. P. Kampa, Bonn
I. Beitrag zur flammenphotometrischen Bestimmung des Calciums.
Dr.-Ing. K. Konopicky, Bonn
II. Die Wanderung von Schlackenbestandteilen in feuerfesten Baustoffen
1955, 54 Seiten, 10 Abb., 5 Tabellen, DM 11,—

HEFT 150
Prof. Dr.-Ing. O. Kienzle und Dipl.-Ing. W. Timmerbeil, Hannover
Das Durchziehen enger Kragen an ebenen Fein- und Mittelblechen
1955, 52 Seiten, 20 Abb., 8 Tabellen, DM 11,30

HEFT 151
Dipl.-Ing. P. Karabasch, Aachen
Feststellung des optimalen Gasgehaltes von Bronzen zur Erzielung druckdichter Gußstücke
1956, 64 Seiten, 31 Abb., 5 Tabellen, DM 13,90

HEFT 152
Dipl.-Ing. G. Müller, Köln
Ermittlung der Laufeigenschaften (Vergießbarkeit) von Bronze und Rotguß mittels der Schneider-Gießspirale
1955, 60 Seiten, 33 Abb., DM 13,30

HEFT 153
Prof. Dr. F. Wever, Dr.-Ing. W. A. Fischer und Dipl.-Ing. J. Engelbrecht, Düsseldorf
I. Die Reduktion sauerstoffhaltiger Eisenschmelzen im Hochvakuum mit Wasserstoff und Kohlenstoff
II. Einfluß geringer Sauerstoffgehalte auf das Gefüge und Alterungsverhalten von Reineisen
1955, 54 Seiten, 15 Abb., 2 Tabellen, DM 12,40

HEFT 154
Prof. Dr.-Ing. P. Bardenheuer und Dr.-Ing. W. A. Fischer, Düsseldorf
Die Verschlackung von Titan aus Stahlschmelzen im sauren und basischen Hochfrequenzofen unter verschiedenen Schlacken
1955, 36 Seiten, 10 Abb., 1 Tabelle, DM 7,95

HEFT 155
Dipl.-Phys. K. H. Schirmer, München
Die auf Grau abgestimmte Farbwiedergabe im Dreifarbenbuchdruck
1955, 46 Seiten, 17 Abb., 2 Farbtafeln, DM 10,—

HEFT 156
Prof. Dr.-Ing. B. von Borries und Mitarbeiter, Düsseldorf
Die Entwicklung regelbarer permanentmagnetischer Elektronenlinsen hoher Brechkraft und eines mit ihnen ausgerüsteten Elektronenmikroskopes neuer Bauart
1956, 102 Seiten, 52 Abb., DM 22,55

HEFT 157
Dr. W. Jawtusch, Dr. G. Schuster und Prof. Dr.-Ing. R. Jaeckel, Bonn
Untersuchungen über die Stoßvorgänge zwischen neutralen Atomen und Molekülen
1955, 48 Seiten, 15 Abb., 3 Tabellen, DM 10,50

HEFT 158
Dipl.-Ing. W. Rosenkranz, Meinerzhagen
Ein Beitrag zum Problem der Spannungskorrosion bei Preßprofilen und Preßteilen aus Aluminium-Legierungen
1956, 112 Seiten, 61 Abb., 5 Tabellen, DM 27,40

HEFT 159
Dr.-Ing. O. Viertel und O. Oldenroth, Krefeld
Das Bleichen von Weißwäsche mit Wasserstoffsuperoxyd bzw. Natriumhypochlorit beim maschinellen Waschen
1955, 54 Seiten, 23 Abb., 2 Tabellen, DM 11,45

HEFT 160
Prof. Dr. W. Klemm, Münster
Über neue Sauerstoff- und Fluor-haltige Komplexe
1955, 50 Seiten, 13 Abb., 7 Tabellen, DM 10,80

HEFT 161
Prof. Dr. W. Weltzien und Dr. G. Hauschild, Krefeld
Über Silikone und ihre Anwendung in der Textilveredlung
1955, 162 Seiten, 22 Abb., 10 Tabellen, DM 27,—

HEFT 162
Prof. Dr. F. Wever, Prof. Dr. A. Kochendörfer und Dr.-Ing. Chr. Rohrbach, Düsseldorf
Kennzeichnung der Sprödbruchneigung von Stählen durch Messung der Fließspannung, Reißspannung und Brucheinschnürung an dreiachsig beanspruchten Proben
1955, 58 Seiten, 26 Abb., DM 13,—

HEFT 163
Dipl.-Ing. W. Rohs und Text.-Ing. H. Griese, Bielefeld
Untersuchungsarbeiten zur Verbesserung des Leinenwebstuhls III
1955, 80 Seiten, 15 Abb., 18 Tabellen, DM 15,80

HEFT 164
Dr.-Ing. H. Schmachtenberg, Köln
Neuartige Prüfeinrichtungen für Kraftfahrzeuge
1955, 44 Seiten, 23 Abb., DM 9,60

HEFT 165
Dr.-Ing. W. Wilhelm, Aachen
Instationäre Gasströmung im Auspuffsystem eines Zweitaktmotors
1955, 62 Seiten, 31 Abb., 8 Tabellen, DM 13,60

HEFT 166
Prof. Dr. M. v. Stackelberg, Dr. H. Heindze, Dr. H. Hübschke und Dr. K. H. Frangen, Bonn
Kolloidchemische Untersuchungen
1955, 106 Seiten, 8 Abb., 13 Tabellen, DM 21,25

HEFT 167
Prof. Dr.-Ing. F. Schuster, Essen
I. Über die Heißkarburierung von Brenngasen mit Ölen und Teeren
II. Die Strahlungsvorgänge in brennstoffbeheizten Öfen bei verschiedenen Verbrennungsatmosphären
1955, 38 Seiten, 8 Abb., DM 8,30

HEFT 168
Prof. Dr.-Ing. F. Schuster, Essen
I. Luftvorwärmung an Gasfeuerungen
II. Heizwerthöhe von Brenngasen und Wirkungsgrad sowie Gasverbrauch bei der Gasverwendung
III. Sauerstoffangereicherte Luft und feuerungstechnische Kenngrößen von Brenngasen
1955, 60 Seiten, 18 Abb., DM 12,50

HEFT 169
Forschungsinstitut für Pigmente und Lacke, Stuttgart
Arbeiten über die Bestimmung des Gebrauchswertes von Lackfilmen durch physikalische Prüfungen
1955, 70 Seiten, 23 Abb., 4 Tabellen, DM 15,—

HEFT 170
Prof. Dr. F. Wever, Dr. A. Rose und Dipl.-Ing. L. Rademacher, Düsseldorf
Anwendung der Umwandlungsschaubilder auf Fragen der Werkstoffauswahl beim Schweißen und Flammhärten
1955, 64 Seiten, 25 Abb., DM 13,70

HEFT 171
Wäschereiforschung Krefeld
Untersuchung der Wäscheentwässerung mit Hilfe von Zentrifugen und Pressen
1955, 42 Seiten, 16 Abb., 4 Tabellen, DM 9,70

HEFT 172
Dipl.-Ing. W. Rohs, Dr.-Ing. G. Satlow und Text.-Ing. G. Heller, Bielefeld
Trocknung von Hanfgarnen. Kreuzspultrocknung
1955, 60 Seiten, 7 Abb., 4 Tabellen, DM 10,30

HEFT 173
Prof. Dr. R. Hosemann und Dipl.-Phys. G. Schoknecht, Berlin, vorgelegt von Prof. Dr. W. Kast, Krefeld
Lichtoptische Herstellung und Diskussion der Faltungsquadrate parakristalliner Gitter
1956, 108 Seiten, 63 Abb., 6 Tabellen, DM 24,70

HEFT 174
Prof. Dr. W. von Fragstein, Dr. J. Meingast und H. Hoch, Köln
Herstellung von Solen einheitlicher Teilchengröße und Ermittlung ihrer optischen Eigenschaften
1955, 78 Seiten, 80 Abb., 4 Tabellen, DM 18,25

HEFT 175
Dr.-Ing. H. Zeller, Aachen
Beitrag zur eindimensionalen stationären und nichtstationären Gasströmung mit Reibung und Wärmeleitung insbesondere in Rohren mit unstetigen Querschnittsänderungen
1956, 138 Seiten, 56 Abb., DM 29,30

HEFT 176
Dipl.-Ing. H. Schöberl, Duisburg
Über die Methoden zur Ermittlung der Verbrennungstemperatur von Brennstoffen und ein Vorschlag zu ihrer Verbesserung
1955, 30 Seiten, 3 Abb., DM 6,50

HEFT 177
Dipl.-Ing. H. Stüdemann, Solingen, und Dr.-Ing. W. Müchler, Essen
Entwicklung eines Verfahrens zur zahlenmäßigen Bestimmung der Schneideigenschaften von Messerklingen
1956, 104 Seiten, 68 Abb., 4 Tabellen, DM 22,20

HEFT 178
Prof. Dr. M. von Stackelberg u. Dr. W. Hans, Bonn
Untersuchungen zur Ausarbeitung und Verbesserung von polarographischen Analysenmethoden
1955, 46 Seiten, 14 Abb., DM 10,50

HEFT 179
Dipl.-Ing. H. F. Reineke, Bochum
Entwicklungsarbeiten auf dem Gebiete der Meß- und Regeltechnik
1955, 46 Seiten, 10 Abb., DM 10,—

HEFT 180
Dr.-Ing. W. Piepenburg, Dipl.-Ing. B. Bühling und Bauing. J. Behnke, Köln
Putzarbeiten im Hochbau und Versuche mit aktiviertem Mörtel und mechanischem Mörtelauftrag
1955, 116 Seiten, 31 Abb., 68 Tabellen, DM 23,—

HEFT 181
Prof. Dr. W. Franz, Münster
Theorie der elektrischen Leitvorgänge in Halbleitern und isolierenden Festkörpern bei hohen elektrischen Feldern
1955, 28 Seiten, 2 Abb., 1 Tabelle, DM 6,20

HEFT 182
Dr.-Ing. P. Schenk u. Dr. K. Osterloh, Düsseldorf
Katalytisch-thermische Spaltung von gasförmigen und flüssigen Kohlenwasserstoffen zur Spitzengaserzeugung
1955, 50 Seiten, 11 Abb., 11 Tabellen, DM 10,90

HEFT 183
Dr. W. Bornheim, Köln
Entwicklungsarbeiten an Flaschen- und Ampullen-Behandlungsmaschinen für die pharmazeutische Industrie
1956, 48 Seiten, 24 Abb., DM 11,70

HEFT 184
Dr.-Ing. E. Printz, Kettwig
Vollhydraulische Parallel-Kupplung für Ackerschlepper
1955, 32 Seiten, 4 Abb., DM 7,80

HEFT 185
Dipl.-Ing. W. Rohs und Text.-Ing. G. Heller, Bielefeld
Studien an einem neuzeitlichen Kreuzspultrockner für Bastfasergarne mit Wiederbefeuchtungszone
1955, 52 Seiten, 9 Abb., 3 Tabellen, DM 10,70

HEFT 186
Dr. E. Wedekind, Krefeld
Untersuchungen zur Arbeitsbestgestaltung bei der Fertigstellung von Oberhemden in gewerblichen Wäschereien
1955, 124 Seiten, 28 Abb., 6 Tabellen, 2 Falttaf., DM 12,—

HEFT 187
Dipl.-Ing. F. Göttgens, Essen
Über die Eigenarten der Bimetall-, Thermo- und Flammenionisationssicherungsmethode in ihrer Anwendung auf Zündsicherungen
1955, 40 Seiten, 6 Abb., 4 Tabellen, DM 8,40

HEFT 188
W. Kinnebrock, Langenberg (Rhld.)
Der Einfluß des Austausches gleicher Gaskochbrenner bzw. Gaskochbrennerteile auf den Wirkungsgrad und insbesondere auf den CO-Gehalt der Verbrennungsgase
1955, 42 Seiten, 7 Tabellen, DM 8,70

HEFT 189
Fa. E. Leybold's Nachfolger, Köln
I. Ausgewählte Kapitel aus der Vakuumtechnik
II. Zum Verlust anorganisch-nichtflüchtiger Substanzen während der Gefriertrocknung
1955, 52 Seiten, 16 Abb., 3 Tabellen, DM 11,20

HEFT 190
Prof. Dr. A. Neuhaus, Prof. Dr. O. Schmitz-DuMont und Dipl.-Chem. H. Reckhard, Bonn
Zur Kenntnis der Alkalititanate
1955, 60 Seiten, 13 Abb., 1 Tabelle, DM 12,20

HEFT 191
Dr. H. Söhngen, Darmstadt
Schwingungsverhalten eines Schaufelkranzes im Vakuum
1955, 36 Seiten, 7 Abb., DM 7,80

HEFT 192
Dipl.-Phys. E. M. Schneider, München
Kohlebogenlampen für Aufnahme und Kopie
1955, 48 Seiten, 21 Abb., 3 Tabellen, DM 10,60

HEFT 193
Prof. Dr. O. Schmitz-DuMont, Bonn
Untersuchungen über neue Pigmentfarbstoffe
1956, 50 Seiten, 16 Abb., 8 Tabellen, DM 11,20

HEFT 194
Dr. K. Hecht, Köln
Entwicklung neuartiger physikalischer Unterrichtsgeräte
1955, 42 Seiten, 16 Abb., DM 9,90

HEFT 195
Dr.-Ing. E. Rößger, Köln
Gedanken über einen neuen deutschen Luftverkehr
1955, 342 Seiten, 29 Abb., 122 Tabellen, DM 50,—

HEFT 196
Dipl.-Ing. W. Rohs, und Text.-Ing. H. Griese, Bielefeld
Auswirkungen von Garnfehlern bei der Verarbeitung von Leinengarnen
1955, 36 Seiten, 3 Abb., 6 Tabellen, DM 7,80

HEFT 197
Dr. E. Wedekind, Krefeld
Untersuchungen zur Bestimmung der optimalen Arbeitsplatzgröße bei Mehrstuhlarbeit in der Weberei
1955, 92 Seiten, 34 Abb., DM 18,50

HEFT 198
Prof. Dr. J. Weissinger, Karlsruhe
Zur Aerodynamik des Ringflügels. Die Druckverteilung dünner, fast drehsymmetrischer Flügel in Unterschallströmung
1955, 42 Seiten, 5 Abb., DM 9,—

HEFT 199
Textilforschungsanstalt Krefeld
Die Messung von Gewebetemperaturen mittels Temperaturstrahlung
1955, 50 Seiten, 12 Abb., DM 10,90

HEFT 200
R. Seipenbusch, Langenberg (Rhld.)
Spitzengas durch Zusatz von Flüssiggas-Wassergas- und Flüssiggas-Generatorgas-Gemischen zu Stadtgas
1955, 48 Seiten, 21 Tabellen, DM 10,35

HEFT 201
Dr.-Ing. E. W. Pleines, Frankfurt/Main
Die Sicherheit im Luftverkehr
1956, 194 Seiten, 39 Abb., 19 Tabellen, DM 39,45

HEFT 202
Dipl.-Ing. D. Fiecke, Stuttgart/Zuffenhausen
Die Bestimmung der Flugzeugpolaren für Entwurfszwecke. I. Teil: Unterlagen
in Vorbereitung

HEFT 203
Dr. G. Wandel, Bonn
Uferbewachung und Lebendverbauung an den Nordwestdeutschen Kanälen und ihren Zuflüssen sowie an der Ruhr
in Vorbereitung

HEFT 204
Dipl.-Ing. B. Naendorf, Langenberg (Rhld.)
Bestimmung der Brenneigenschaften und des Brennverhaltens verschiedener Gasarten und Einfluß verschiedener Düsengestaltung
1955, 32 Seiten, DM 7,10

HEFT 205
Dr. C. Schaarwächter, Düsseldorf
Über plastische Kupfer-Eisen-Phosphor-Legierungen
1956, 36 Seiten, 10 Abb., 10 Tabellen, DM 8,30

HEFT 206
Dr. P. Hölemann, Ing. R. Hasselmann und Ing. G. Dix, Dortmund
Untersuchungen über die Vorgänge bei der Zersetzung von in Azeton gelöstem Azetylen
1956, 74 Seiten, 7 Abb., 7 Tabellen, DM 15,55

HEFT 207
Prof. Dr.-Ing. H. Opitz, Dipl.-Ing. K. H. Fröhlich und Dipl.-Ing. H. Siebel, Aachen
Richtwerte für das Fräsen von unlegierten und legierten Baustählen mit Hartmetall. I. Teil
in Vorbereitung

HEFT 208
Prof. Dr.-Ing. H. Müller, Essen
Untersuchung von Elektrowärmegeräten für Laienbedienung hinsichtlich Sicherheit und Gebrauchsfähigkeit. I. Untersuchungen an Kochplatten
in Vorbereitung

HEFT 209
Dr. K. Bunge, Leverkusen
Materialabbau in Funkenentladungen. Untersuchungen an Zinkkathoden
1956, 54 Seiten, 10 Abb., 5 Tabellen, DM 11,40

HEFT 210
Dr. W. Porschen und Prof. Dr. W. Riezler, Bonn
Langlebige Alphaaktivitäten bei natürlichen Elementen
1955, 40 Seiten, 5 Abb., 4 Tabellen, DM 8,80

HEFT 211
Prof. Dipl.-Ing. W. Sturtzel und Dr.-Ing. W. Graff, Duisburg
Die Versuchsanstalt für Binnenschiffbau, Duisburg
1956, 48 Seiten, 22 Abb., DM 11,—

HEFT 212
Dipl.-Ing. H. Spodig, Selm
Untersuchung zur Anwendung der Dauermagnete in der Technik
1955, 44 Seiten, 25 Abb., DM 9,80

HEFT 213
Dipl.-Ing. K. F. Rittinghaus, Aachen
Zusammenstellung eines Meßwagens für Bau- und Raumakustik
in Vorbereitung

HEFT 214
Dr.-Ing. J. Endres, München
Berechnung der optimalen Leistungen, Kraftstoffverbräuche und Wirkungsgrade von Einkreis-Turbolader-Strahltriebwerken am Boden und in der Höhe bei Fluggeschwindigkeiten von 0—2000 km/h
1956, 72 Seiten, 18 Abb., 8 Tabellen, DM 15,40

HEFT 215
Prof. Dr.-Ing. H. Opitz und Dipl.-Ing. G. Weber, Aachen
Einfluß der Wärmebehandlung von Baustählen auf Spanentstehung, Schnittkraft- und Standzeitverhalten
in Vorbereitung

HEFT 216
Dr. E. Kloth, Köln
Untersuchungen über die Ausbreitung kurzer Schallimpulse bei der Materialprüfung mit Ultraschall
1956, 90 Seiten, 60 Abb., 4 Tabellen, DM 19,40

HEFT 217
Rationalisierungskuratorium der Deutschen Wirtschaft (RKW), Frankfurt/Main
Typenvielzahl bei Haushaltgeräten und Möglichkeiten einer Beschränkung
1956, 328 Seiten, 2 Abb., 181 Tabellen, DM 49,50

HEFT 218
Dr. F. Keune, Aachen
Bericht über eine Theorie der Strömung um Rotationskörper ohne Anstellung bei Machzahl Eins
1955, 40 Seiten, 8 Abb., 5 Formelblätter, DM 8,80

HEFT 219
Prof. Dr. W. Fuchs, Aachen
Untersuchungen zur Holzabfallverwertung und zur Chemie des Lignins
1955, 54 Seiten, 11 Abb., 15 Tabellen, DM 11,40

WESTDEUTSCHER VERLAG · KÖLN UND OPLADEN

HEFT 220
Prof. Dr. W. Fuchs, Aachen
Die Entwicklung neuer Regel- und Kontroll-Apparate zur coulometrischen Analyse
1956, 76 Seiten, 17 Abb., 23 Tabellen, DM 15,50

HEFT 221
Dr. W. Meyer-Eppler, Bonn
Experimentelle Untersuchungen zum Mechanismus von Stimme und Gehör in der lautsprachlichen Kommunikation
1955, 56 Seiten, 24 Abb., DM 13,45

HEFT 222
Dr. L. Köllner, Münster, und Dipl.-Volkswirt M. Kaiser, Bochum
Die internationale Wettbewerbsfähigkeit der westdeutschen Wollindustrie
1956, 214 Seiten, DM 39,50

HEFT 223
Dr.-Ing. K. Alberti und Dr. F. Schwarz, Köln
Über das Problem Hartbrand - Weichbrand
1956, 54 Seiten, 25 Abb., 14 Tabellen, DM 12,10

HEFT 224
Dipl.-Ing. H. Stüdeman und Ing. R. Beu, Solingen
Verfahren zur Prüfung der Korrosionsbeständigkeit von Messerklingen aus rostfreiem Stahl
1956, 82 Seiten, 28 Abb., DM 16,90

HEFT 225
Dr.-Ing. E. Barz, Remscheid
Der Spannungszustand von Gattersägeblättern
in Vorbereitung

HEFT 226
Technisch-wissenschaftliches Büro für die Bastfaserindustrie, Bielefeld
Untersuchungen zur Verbesserung des Leinenwebstuhles IV
Die Wirkung verschiedener Kettbaumbremsen auf die Verwebung von Leinengarnen
1956, 64 Seiten, 9 Abb., 4 Tabellen, DM 13,50

HEFT 227
Prof. Dr. F. Wever, Düsseldorf und Dr. W. Wepner, Köln
Untersuchung der Alterungsneigung von weichen unlegierten Stählen durch Härteprüfung bei Temperaturen bis 300 Grad C
1956, 34 Seiten, 20 Abb., 3 Tabellen, DM 7,95

HEFT 228
Prof. Dr. F. Wever, Dr. W. Koch, Düsseldorf und Dr. B. A. Steinkopf, Dortmund
Spektrochemische Grundlagen der Analyse von Gemischen aus Kohlenmonoxyd, Wasserstoff und Stickstoff
in Vorbereitung

HEFT 229
Prof. Dr. F. Wever, Dr. W. Koch und Dr.-Ing. H. Malissa, Düsseldorf
Über die Anwendung disubstituierter Dithiocarbamate der analytischen Chemie
1956, 44 Seiten, 30 Abb., 5 Tabellen, DM 10,50

HEFT 230
Prof. Dr. F. Wever, Düsseldorf und Dr. W. Wepner, Köln
Bestimmung kleiner Kohlenstoffgehalte im Alpha-Eisen durch Dämpfungsmessung
1956, 34 Seiten, 5 Abb., 2 Tabellen, DM 7,70

HEFT 231
Dr.-Ing. W. Küch, Dortmund
Über die Wechselwirkung zwischen Holzschutzbehandlung und Verleimung
1956, 48 Seiten, 10 Abb., 8 Tabellen, DM 10,40

HEFT 232
Prof. Dr.-Ing. O. Kienzle, Hannover und Dr.-Ing. H. Münnich, Schweinfurt
Feststellung der Spannungen und Dehnungen und Bruchdrehzahlen des unter Fliehkraft und Bearbeitungskraft beanspruchten Schleifkörper
in Vorbereitung

HEFT 233
Dr. H. Haase, Hamburg
Infrarot-Bibliographie
1956, 90 Seiten, DM 17,80

HEFT 234
Dr.-Ing. K. G. Speith und Dr.-Ing. A. Bungeroth, Duisburg
Versuche zur Steigerung des Kokillen-Schluckvermögens beim Stranggießen von Stahl
1956, 26 Seiten, 5 Abb., DM 6,15

HEFT 235
Prof. Dr.-Ing. K. Leist und Dipl.-Ing. W. Dettmering, Aachen
Turbinenschaufeln aus Kunststoff für Kaltluftversuchsanlagen
1956, 46 Seiten, 43 Abb., 3 Tabellen, DM 12,30

HEFT 236
Dr.-Ing. O. Viertel und S. Lucas, Krefeld
Ergebnisse einer Hausfrauenbefragung über Wascheinrichtungen und Waschmethoden in städtischen Haushaltungen
1956, 34 Seiten, 4 Abb., DM 7,60

HEFT 237
Dr. P. Endler und Dr. H. Ludes, Köln
Bericht über eine Studienreise zur Orientierung der heutigen Behandlung der Lungentuberkulose in den Vereinigten Staaten von Nordamerika
1956, 32 Seiten, DM 7,10

HEFT 238
Institut für textile Meßtechnik, M.-Gladbach, e.V.
Untersuchung der Verzugsvorgänge an den Streckwerken verschiedener Spinnereimaschinen. 3. Bericht: Theoretische Betrachtungen über den Einfluß schlagender Zylinder und Druckrollen
in Vorbereitung

HEFT 239
Prof. Dr.-Ing. K. Leist und Dipl.-Ing. H. Scheele, Aachen und Dipl.-Ing. F. H. Flottmann, Herne
Versuche an einem neuartigen luftgekühlten Hochleistungs-Kolbenkompressor
in Vorbereitung

HEFT 240
Prof. Dr.-Ing. K. Leist und Dipl.-Ing. H. Scheele, Aachen
Temperaturmessungen an einem einstufigen luftgekühlten 4-Zylinder-Kolbenkompressor mit Kühlgebläse
in Vorbereitung

HEFT 241
Prof. Dr.-Ing. K. Leist und Dipl.-Ing. M. Pötke, Aachen
Leistungsversuche an einem Kühlluftgebläse
in Vorbereitung

HEFT 242
Prof. Dr.-Ing. K. Leist und Dipl.-Ing. K. Graf, Aachen
Straßenfahrzeuge mit Gasturbinenantrieb
in Vorbereitung

HEFT 243
Prof. Dr.-Ing. K. Leist und Dipl.-Ing. S. Förster, Aachen
Die französische Kleingasturbine Artouste — 1. Teil
in Vorbereitung

HEFT 244
Prof. Dr. F. Wever, Dr. W. Koch und Dr. S. Eckhard, Düsseldorf
Erfahrungen mit der spektrochemischen Analyse von Gefügebestandteilen des Stahles
1956, 32 Seiten, 8 Abb., 2 Tabellen, DM 7,80

HEFT 245
Prof. Dr.-Ing. K. Krekeler, Aachen
Das Verbinden von Metallen durch Kunstharzkleber. Teil I: Eigenschaften und Verwendung der Metallklebstoffe
1956, 48 Seiten, 8 Abb., DM 10,25

HEFT 246
Prof. Dr.-Ing. K. Krekeler, Aachen
Das Verbinden von Metallen durch Kunstharzkleber. Teil II: Untersuchungen an geklebten Leichtmetall-Verbindungen
in Vorbereitung

HEFT 247
Dr. H. Söhngen, Darmstadt
Strömung vor einem Überschall-Laufrad
1956, 26 Seiten, 4 Abb., DM 7,60

HEFT 248
Rheinische Aktiengesellschaft für Braunkohlenbergbau und Brikettfabrikation, Köln
Untersuchung der Bindemitteleigenschaften von Braunkohlenfilteraschen
in Vorbereitung

HEFT 249
Dr. M.-E. Meffert, Essen
Weitere Kulturversuche Scenedesmus obliquus
1956, 36 Seiten, 5 Abb., 10 Tabellen, DM 8,—

HEFT 250
Dr. F. Schwarz und Dr.-Ing. K. Alberti, Köln
Entwicklung von Untersuchungsverfahren zur Gütebeurteilung von Industriekalken
in Vorbereitung

HEFT 251
Prof. Dr. H. Bittel, Münster
Zur Statistik der ferromagnetischen Elementarvorgänge und ihren Einfluß auf das Barkhausenrauschen
in Vorbereitung

HEFT 252
Dipl.-Ing. H. Frings, Geilenkirchen
Die Wirkung abfallender Wetterführung auf Wettertemperatur, Grubengasgehalt und Staubbildung
in Vorbereitung

HEFT 253
Dipl.-Ing. S. Schirmanski, Berghausen
Stand und Auswertung der Forschungsarbeiten über Temperatur- und Feuchtigkeitsgrenzen bei der bergmännischen Arbeit
in Vorbereitung

HEFT 254
Prof. Dr. R. Danneel, Bonn
Quantitative Untersuchungen über die Entwicklung des Ehrlich-Ascitestumors bei Inzuchtmäusen
in Vorbereitung

HEFT 255
Ing. B. v. Schlippe, Bad Nauheim
Strömung von Flüssigkeiten mit temperaturabhängiger Zähigkeit (Kühlung von Olen)
1956, 54 Seiten, 12 Abb., 4 Tabellen, DM 11,70

HEFT 256
Prof. Dr. C. Schmieden und Dipl.-Math. K. H. Müller, Darmstadt
Die Strömung einer Quellstrecke im Halbraum — eine strenge Lösung der Navier-Stokes-Gleichungen
1956, 40 Seiten, 9 Abb., DM 8,80

HEFT 257
Prof. Dr. G. Lehmann und Dr. J. Tamm, Dortmund
Die Beeinflussung vegetativer Funktionen des Menschen durch Geräusche
in Vorbereitung

HEFT 258
Dr. H. Paul, Linz (Rhein) und Prof. Dr. O. Graf, Dortmund
Zur Frage der Unfälle im Bergbau
1956, 52 Seiten, 9 Abb., 22 Tabellen, DM 11,20

HEFT 259
Prof. Dr. W. Linke, Aachen
Strömungsvorgänge in künstlich belüfteten Räumen
1956, 52 Seiten, 37 Abb., 1 Tabelle, DM 11,80

HEFT 260
Prof. Dr. W. Kast, Freiburg (Br.), Prof. Dr. A. H. Stuart und Dipl.-Phys. H. G. Fendler, Hannover
Lichtzerstreuungsmessungen an Lösungen hochpolymerer Stoffe
in Vorbereitung

HEFT 261
Prof. Dr. W. Kast, Freiburg (Br.)
Feinstruktur-Untersuchungen an künstlichen Zellulosefasern verschiedener Herstellungsverfahren. Teil II: Der Kristallisationszustand
in Vorbereitung

HEFT 262
Dr.-Ing. W. Batel, Aachen
Untersuchungen zur Absiebung feuchter, feinkörniger Haufwerke und Schwingsieben
in Vorbereitung

HEFT 263
Prof. Dr. H. Lange und Dipl.-Phys. R. Kohlhaas, Köln
Über die Wärmeleitfähigkeit von Stählen bei hohen Temperaturen: Teil I: Literaturbericht
in Vorbereitung

HEFT 264
Prof. Dr. W. Weizel, Bonn
Durch schnelle Funkenzusammenbrüche ausgelöste Signale auf einer Leitung
1956, 26 Seiten, 4 Abb., 3 Tabellen, DM 6,10

HEFT 265
Prof. Dr. F. Micheel und Dr. R. Engel, Münster
Eine Apparatur zur elektrophoretischen Trennung von Stoffgemischen
in Vorbereitung

HEFT 266
Fliesen-Beratungsstelle Bad Godesberg-Mehlem
Güteeigenschaften keramischer Wand- und Bodenfliesen und deren Prüfmethoden
1956, 32 Seiten, DM 7,10

HEFT 267
Prof. Dr. W. Weizel und B. Brandt, Bonn
Zur Stabilität stromstarker Glimmentladungen
1956, 36 Seiten, 7 Abb., DM 8,40

HEFT 268
Prof. Dr.-Ing. G. Vogelpohl, Göttingen
Über die Tragfähigkeit von Gleitlagern und ihre Berechnung
in Vorbereitung

WESTDEUTSCHER VERLAG · KÖLN UND OPLADEN

HEFT 269
Markscheider R. Bals, Bochum
Eignung des Gebirgsankerausbaus zur Erleichterung des Streckenvortriebs im Steinkohlenbergbau
in Vorbereitung

HEFT 270
Dr. H. Krebs und Mitarbeiter, Bonn
Die Trennung von Racematen auf chromatographischem Wege
in Vorbereitung

HEFT 271
Prof. Dr.-Ing. H. Opitz und Dipl.-Ing. H. Axer, Aachen
Beeinflussung des Verschleißverhaltens bei spanenden Werkzeugen durch flüssige und gasförmige Kühlmittel und elektrische Maßnahmen
in Vorbereitung

HEFT 272
Prof. Dr. W. Fuchs und Dr. H. Dresia, Aachen
Untersuchungen über die Schnellverbrennung und Schnellvergasung fester Brennstoffe
in Vorbereitung

HEFT 273
Fa. K. W. Tacke G.m.b.H., Wuppertal-Barmen
Erfahrungen beim Verspinnen von Perlonfasern und bei der Herstellung von Trikotagen aus gesponnenem Perlon
in Vorbereitung

HEFT 274
Prof. Dr.-Ing. K. Krekeler und Dipl.-Ing. H. Verhoeven, Aachen
Qualitative Untersuchungen bei Verbindungsschweißungen mittels Lichtbogenschweißautomaten unter Verwendung von Blankdraht und Zugabe von ferromagnetischem Pulver als Umhüllung
in Vorbereitung

HEFT 275
Prof. Dr.-Ing. K. Krekeler und Dipl.-Ing. H. Verhoeven, Aachen
Qualitative Untersuchungen von Punktschweißverbindungen an Tiefzieh- und Aluminiumblechen, die nach dem Argonarc-Punktschweißverfahren hergestellt werden
in Vorbereitung

HEFT 276
Fa. E. Haage, Mülheim (Ruhr)
Entwicklungsarbeiten im Apparatebau für Laboratorien
in Vorbereitung

HEFT 277
Dr.-Ing. W. Müchler, Essen
Untersuchung und zahlenmäßige Bestimmung der Schneideigenschaften von Messern mit besonderer Berücksichtigung rostfreier Messerstähle
in Vorbereitung

HEFT 278
Dipl.-Ing. J. Stelter und Dipl.-Ing. H. Kickert, Aachen
I. Sichtbarmachung von Ultraschallfeldern unter Verwendung photographischer Emulsionsschichten
II. Methode zur Bestimmung der wirklichen Temperaturverhältnisse in Flüssigkeiten während der Beschallung (Nach einer Diplom-Arbeit von H. Schnitzler)
in Vorbereitung

HEFT 279
Dr. F. Keune, Aachen
Der gewölbte und verwundene Tragflügel ohne Dicke in Schallnähe
in Vorbereitung

HEFT 280
Dipl.-Ing. J. Stelter und Dipl.-Ing. E. Pfende, Aachen
Über Störerscheinungen bei Schallgeschwindigkeitsmessungen mittels der Interferometermethode
in Vorbereitung

HEFT 281
Prof. Dr.-Ing. K. Lürenbaum, Aachen
Der Meßwagen des Instituts für Maschinen-Dynamik der Deutschen Versuchsanstalt für Luftfahrt, Aachen
in Vorbereitung

HEFT 282
Bergrat a. D. Scherer, Bochum
Das B.T.-Schwelverfahren und seine Anwendung auf der Anlage Marienau
in Vorbereitung

HEFT 283
Prof. Dr. F. Wever und Dr.-Ing. W. Lueg, Düsseldorf
Warmstauchversuche zur Ermittlung der Formänderungsfestigkeit von Gesenkschmiede-Stählen
in Vorbereitung

HEFT 284
Prof. Dr. F. Wever, Düsseldorf, Dr.-Ing. H. J. Wiester, Essen, Dr.-Ing. F. W. Straßburg, Duisburg, Prof. Dr.-Ing. H. Opitz, Aachen, und Dr.-Ing. K. H. Fröhlich, Köln
Einfluß des Gefüges auf die Zerspanbarkeit von Einsatz- und Vergütungsstählen
in Vorbereitung

HEFT 285
Prof. Dr.-Ing. O. Kienzle, Dr.-Ing. K. Lange, Hannover, und Dipl.-Ing. H. Meinert, Osterode
Einfluß der Oberfläche auf das Verschleißverhalten von Schmiedegesenken
in Vorbereitung

HEFT 286
Dr.-Ing. K. Lange, Hannover, Dipl.-Ing. H. Meinert, Osterode, unter Mitarbeit von Dr.-Ing. H. Arend, Mülheim (Ruhr)
Verschleißverhalten hartverchromter Schmiedegesenke
in Vorbereitung

HEFT 287
Prof. Dr.-Ing. K. Krekeler, Aachen
Änderungen der mechanischen Eigenschaftswerte thermoplastischer Kunststoffe bei Beanspruchung in verschiedenen Medien
in Vorbereitung

HEFT 288
Dr. K. Brücker-Steinkuhl, Düsseldorf
Anwendung mathematisch-statistischer Verfahren in der Industrie
in Vorbereitung

HEFT 289
Prof. Dr.-Ing. H. Winterhager, Aachen
Kombinierter Widerstands- und Lichtbogen-Vakuumofen zur Verarbeitung von Titanschwamm
Prof. Dr. Dr. h. c. R. Schwarz, Aachen
Erforschung neuer Wege zur Darstellung von Titanmetall
in Vorbereitung

HEFT 290
Dr. D. Horstmann, Düsseldorf
I. Der verstärkte Angriff des Zinks auf Eisen im Temperaturgebiet um 500° C
II. Einfluß eines Antimongehaltes auf den Angriff von Zinkschmelzen auf Eisen
in Vorbereitung

HEFT 291
Dr.-Ing. H. J. Wiester und Dr. D. Horstmann, Düsseldorf
Der Angriff eisengesättigter Zinkschmelzen auf silizium- und manganhaltiges Eisen
in Vorbereitung

HEFT 292
Dipl.-Ing. W. Rohs und Text.-Ing. H. Griese, Bielefeld
Webversuche an Leinenwebstühlen mit verbesserter Schaftbewegung
in Vorbereitung

HEFT 293
Prof. J. W. Korte, unter Mitarbeit von Dipl.-Ing. P. A. Mäcke und Dipl.-Ing. W. Leutzbach, Aachen
Die Leistungsfähigkeit von Verkehrsanlagen des motorisierten städtischen Straßenverkehrs
in Vorbereitung

HEFT 294
Dipl.-Ing. B. Naendorf, Essen
Untersuchungen industrieller Gasbrenner
in Vorbereitung

HEFT 295
Prof. Dr.-Ing. H. Opitz und Dipl.-Ing. H. Axer, Aachen
Untersuchung und Weiterentwicklung neuartiger elektrischer Bearbeitungsverfahren
in Vorbereitung

HEFT 296
Prof. Dr.-Ing. H. Opitz, Aachen
I. Untersuchungen an elektronischen Regelantrieben
II. Statistische Untersuchungen zur Ausnutzung von Drehbänken
in Vorbereitung

HEFT 297
Dr. K. Schaarwächter, Düsseldorf
Die Reduktion von Siliziumtetrachlorid im Lichtbogen zur nachfolgenden Silizierung von Eisenblechen
in Vorbereitung

HEFT 298
Prof. Dr.-Ing. E. Oehler, Aachen
Untersuchungen von kritischen Drehzahlen, die durch Kreiselmomente verursacht werden
in Vorbereitung

HEFT 299
Dr. J. Fassbender und W. Hoppe, Bonn
Eine photoelektrische Nachlaufeinrichtung für Analogie-Rechenmaschinen
in Vorbereitung

HEFT 300
Prof. Dr. E. Schütz und Privatdozent Dr. H. Caspers, Münster
Tierexperimentelle Untersuchungen über die Alkoholwirkungen auf Erregbarkeit und bioelektrische Spontanaktivität der Hirnrinde
in Vorbereitung

HEFT 301
Prof. Dr. W. Weltzien, Dr. G. Cossmann und P. Diehl, Krefeld
Über die fraktionierte Füllung von Polyamiden (II)
in Vorbereitung

HEFT 302
Prof. Dr.-Ing. W. Wegener und Dipl.-Ing. Willi Zahn, Aachen
Untersuchungen von gesponnenen Garnen auf ihre Gleichmäßigkeit nach verschiedenen Meßmethoden
in Vorbereitung

HEFT 303
Prof. Dr.-Ing. S. Kiesskalt, Aachen
Das Institut der Forschungsgesellschaft Verfahrenstechnik e. V. an der Technischen Hochschule Aachen
in Vorbereitung

HEFT 304
Prof. Dr.-Ing. K. Krekeler, Düsseldorf, und Dipl.-Ing. A. Kleine-Albers, Aachen
Beitrag zur thermoelastischen Warmformbarkeit von Hart PVC
in Vorbereitung

HEFT 305
Prof. Dr.-Ing. K. Krekeler, Düsseldorf, Dr.-Ing. H. Peukert, Aachen, und Dipl.-Ing. W. Schmitz, Siegburg
Heißgas-Schweißung von Hart-Polyvinylchlorid mit Zusatzwerkstoff
in Vorbereitung

HEFT 306
Prof. Dr. B. Rensch, Münster
Elektrophysiologische Untersuchungen zur Analysierung der Bildung von Assoziationen und Gedächtnisspuren in Gehirn und Rückenmark
Prof. Dr. A. Loeser, Münster
Akute und chronische Giftwirkungen sauerstoffhaltiger Lösungsmittel
in Vorbereitung

HEFT 307
Privatdozent Dr. J. Juilfs, Krefeld
Vergleichende Untersuchungen zur elastischen und bleibenden Dehnung von Fasern
in Vorbereitung

HEFT 308
Privatdozent Dr. J. Juilfs, Krefeld
Zur Messung der Fadenglätte
in Vorbereitung

HEFT 309
Prof. Dr. K. Cruse und Mitarbeiter, Clausthal-Zellerfeld
Aufbau und Arbeitsweise eines universell verwendbaren Hochfrequenz-Titrationsgerätes
in Vorbereitung

HEFT 310
Dr. P. F. Müller, Bonn
Die Integrieranlage des Rheinisch-Westfälischen Instituts für Instrumentelle Mathematik in Bonn
in Vorbereitung

HEFT 311
Prof. Dr. F. Wever und Dr. M. Hempel, Düsseldorf
Dauerschwingfestigkeit von Stählen bei erhöhten Temperaturen
Teil I: Erkenntnisse aus bisherigen Dauerschwingversuchen in der Wärme
in Vorbereitung

HEFT 312
Prof. Dr. F. Wever und Dr. M. Hempel, Düsseldorf
Dauerschwingfestigkeit von Stählen bei erhöhten Temperaturen
Teil II: Zug-Druck-Dauerschwingversuche an zwei warmfesten Stählen bei Temperaturen von 500 bis 650°
in Vorbereitung

HEFT 313
Prof. Dr. F. Wever, Dr. W. Koch und Dipl.-Phys. H. Rohde, Düsseldorf
Änderungen des Habitus und der Gitterkonstanten des Zementits in Chromstählen bei verschiedenen Wärmebehandlungen
in Vorbereitung

WESTDEUTSCHER VERLAG · KÖLN UND OPLADEN

VERÖFFENTLICHUNGEN DER ARBEITSGEMEINSCHAFT FÜR FORSCHUNG DES LANDES NORDRHEIN-WESTFALEN

NATURWISSENSCHAFTEN

Im Auftrage des Ministerpräsidenten Fritz Steinhoff
herausgegeben von Staatssekretär Prof. Leo Brandt

HEFT 1
Prof. Dr.-Ing. Friedrich Seewald, Aachen
Neue Entwicklungen auf dem Gebiet der Antriebsmaschinen
Prof. Dr.-Ing. Friedrich A. F. Schmidt, Aachen
Technischer Stand und Zukunftsaussichten der Verbrennungsmaschinen, insbesondere der Gasturbinen
Dr.-Ing. Rudolf Friedrich, Mülheim (Ruhr)
Möglichkeiten und Voraussetzungen der industriellen Verwertung der Gasturbine
1951, 52 Seiten, 15 Abb., kartoniert, DM 2,75

HEFT 2
Prof. Dr.-Ing. Wolfgang Riezler, Bonn
Probleme der Kernphysik
Prof. Dr. Fritz Micheel, Münster
Isotope als Forschungsmittel in der Chemie und Biochemie
1951, 40 Seiten, 10 Abb., kartoniert, DM 2,40

HEFT 3
Prof. Dr. Emil Lehnartz, Münster
Der Chemismus der Muskelmaschine
Prof. Dr. Gunther Lehmann, Dortmund
Physiologische Forschung als Voraussetzung der Bestgestaltung der menschlichen Arbeit
Prof. Dr. Heinrich Kraut, Dortmund
Ernährung und Leistungsfähigkeit
1951, 60 Seiten, 35 Abb., kartoniert, DM 3,50

HEFT 4
Prof. Dr. Franz Wever, Düsseldorf
Aufgaben der Eisenforschung
Prof. Dr.-Ing. Hermann Schenck, Aachen
Entwicklungslinien des deutschen Eisenhüttenwesens
Prof. Dr.-Ing. Max Haas, Aachen
Wirtschaftliche Bedeutung der Leichtmetalle und ihre Entwicklungsmöglichkeiten
1952, 60 Seiten, 20 Abb., kartoniert, DM 3,50

HEFT 5
Prof. Dr. Walter Kikuth, Düsseldorf
Virusforschung
Prof. Dr. Rolf Danneel, Bonn
Fortschritte der Krebsforschung
Prof. Dr. Dr. Werner Schulemann, Bonn
Wirtschaftliche und organisatorische Gesichtspunkte für die Verbesserung unserer Hochschulforschung
1952, 50 Seiten, 2 Abb., kartoniert, DM 2,75

HEFT 6
Prof. Dr. Walter Weizel, Bonn
Die gegenwärtige Situation der Grundlagenforschung in der Physik
Prof. Dr. Siegfried Strugger, Münster
Das Duplikantenproblem in der Biologie
Direktor Dr. Fritz Gummert, Essen
Überlegungen zu den Faktoren Raum und Zeit im biologischen Geschehen und Möglichkeiten einer Nutzanwendung
1952, 64 Seiten, 20 Abb., kartoniert, DM 3,—

HEFT 7
Prof. Dr.-Ing. August Götte, Aachen
Steinkohle als Rohstoff und Energiequelle
Prof. Dr. Dr. E. h. Karl Ziegler, Mülheim (Ruhr)
Über Arbeiten des Max-Planck-Institutes für Kohlenforschung
1953, 66 Seiten, 4 Abb., kartoniert, DM 3,60

HEFT 8
Prof. Dr.-Ing. Wilhelm Fucks, Aachen
Die Naturwissenschaft, die Technik und der Mensch
Prof. Dr. Walther Hoffmann, Münster
Wirtschaftliche und soziologische Probleme des technischen Fortschritts
1952, 84 Seiten, 12 Abb., kartoniert, DM 4,80

HEFT 9
Prof. Dr.-Ing. Franz Bollenrath, Aachen
Zur Entwicklung warmfester Werkstoffe
Prof. Dr. Heinrich Kaiser, Dortmund
Stand spektralanalytischer Prüfverfahren und Folgerung für deutsche Verhältnisse
1952, 100 Seiten, 62 Abb., kartoniert, DM 6,—

HEFT 10
Prof. Dr. Hans Braun, Bonn
Möglichkeiten und Grenzen der Resistenzzüchtung
Prof. Dr.-Ing. Carl Heinrich Dencker, Bonn
Der Weg der Landwirtschaft von der Energieautarkie zur Fremdenergie
1952, 74 Seiten, 23 Abb., kartoniert, DM 4,30

HEFT 11
Prof. Dr.-Ing. Herwart Opitz, Aachen
Entwicklungslinien der Fertigungstechnik in der Metallbearbeitung
Prof. Dr.-Ing. Karl Krekeler, Aachen
Stand und Aussichten der schweißtechnischen Fertigungsverfahren
1952, 72 Seiten, 49 Abb., kartoniert, DM 5,—

HEFT 12
Dr. Hermann Rathert, Wuppertal-Elberfeld
Entwicklung auf dem Gebiet der Chemiefaser-Herstellung
Prof. Dr.-Ing. Wilhelm Weltzien, Krefeld
Rohstoff und Veredlung in der Textilwirtschaft
1952, 84 Seiten, 29 Abb., kartoniert, DM 4,80

HEFT 13
Dr.-Ing. E. h. Karl Herz, Frankfurt a. M.
Die technischen Entwicklungstendenzen im elektrischen Nachrichtenwesen
Staatssekretär Prof. Leo Brandt, Düsseldorf
Navigation und Luftsicherung
1952, 102 Seiten, 97 Abb., kartoniert, DM 7,25

HEFT 14
Prof. Dr. Burckhardt Helferich, Bonn
Stand der Enzymchemie und ihre Bedeutung
Prof. Dr. Hugo Wilhelm Knipping, Köln
Ausschnitt aus der klinischen Carcinomforschung am Beispiel des Lungenkrebses
1952, 72 Seiten, 12 Abb., kartoniert, DM 4,30

HEFT 15
Prof. Dr. Abraham Esau †, Aachen
Ortung mit elektrischen und Ultraschallwellen in Technik und Natur
Prof. Dr.-Ing. Eugen Flegler, Aachen
Die ferromagnetischen Werkstoffe der Elektrotechnik und ihre neueste Entwicklung
1953, 84 Seiten, 25 Abb., kartoniert, DM 4,80

HEFT 16
Prof. Dr. Rudolf Seyffert, Köln
Die Problematik der Distribution
Prof. Dr. Theodor Beste, Köln
Der Leistungslohn
1952, 70 Seiten, 1 Abb., kartoniert, DM 3,50

HEFT 17
Prof. Dr.-Ing. Friedrich Seewald, Aachen
Luftfahrtforschung in Deutschland und ihre Bedeutung für die allgemeine Technik
Prof. Dr.-Ing. Edouard Houdremont, Essen
Art und Organisation der Forschung in einem Industrieforschungsinstitut der Eisenindustrie
1953, 90 Seiten, 4 Abb., kartoniert, DM 4,20

HEFT 18
Prof. Dr. Dr. Werner Schulemann, Bonn
Theorie und Praxis pharmakologischer Forschung
Prof. Dr. Wilhelm Groth, Bonn
Technische Verfahren zur Isotopentrennung
1953, 72 Seiten, 17 Abb., kartoniert, DM 4,—

HEFT 19
Dipl.-Ing. Kurt Traenckner, Essen
Entwicklungstendenzen der Gaserzeugung
1953, 26 Seiten, 12 Abb., kartoniert, DM 1,60

HEFT 20
M. Zvegintzow, London
Wissenschaftliche Forschung und die Auswertung ihrer Ergebnisse
Ziel und Tätigkeit der National Research Development Corporation
Dr. Alexander King, London
Wissenschaft und internationale Beziehungen
1954, 88 Seiten, kartoniert, DM 4,20

HEFT 21
Prof. Dr. Robert Schwarz, Aachen
Wesen und Bedeutung der Silicium-Chemie
Prof. Dr. Dr. h. c. Kurt Alder, Köln
Fortschritte in der Synthese von Kohlenstoffverbindungen
1954, 76 Seiten, 49 Abb., kartoniert, DM 4,--

HEFT 21a
Prof. Dr. Dr. h. c. Otto Hahn, Göttingen
Die Bedeutung der Grundlagenforschung für die Wirtschaft
Prof. Dr. Siegfried Strugger, Münster
Die Erforschung des Wasser- und Nährsalztransportes in Pflanzenkörper mit Hilfe der fluoreszenzmikroskopischen Kinematographie
1953, 74 Seiten, 26 Abb., kartoniert, DM 5,—

HEFT 22
Prof. Dr. Johannes von Allesch, Göttingen
Die Bedeutung der Psychologie im öffentlichen Leben
Prof. Dr. Otto Graf, Dortmund
Triebfedern menschlicher Leistung
1953, 80 Seiten, 19 Abb., kartoniert, DM 4,—

HEFT 23
Prof. Dr. Dr. h. c. Bruno Kuske, Köln
Zur Problematik der wirtschaftswissenschaftlichen Raumforschung
Prof. Dr.-Ing. E. h. Stephan Prager, Düsseldorf
Städtebau und Landesplanung
1954, 84 Seiten, kartoniert, DM 3,50

HEFT 24
Prof. Dr. Rolf Danneel, Bonn
Über die Wirkungsweise der Erbfaktoren
Prof. Dr. Kurt Herzog, Krefeld
Bewegungsbedarf der menschlichen Gliedmaßengelenke bei der Berufsarbeit
1953, 76 Seiten, 18 Abb., kartoniert, DM 4,—

WESTDEUTSCHER VERLAG · KÖLN UND OPLADEN

HEFT 25
Prof. Dr. Otto Haxel, Heidelberg
Energiegewinnung aus Kernprozessen
Dr.-Ing. Dr. Max Wolf, Düsseldorf
Gegenwartsprobleme der energiewirtschaftlichen Forschung
1953, 98 Seiten, 27 Abb., kartoniert, DM 5,25

HEFT 26
Prof. Dr. Friedrich Becker, Bonn
Ultrakurzwellenstrahlung aus dem Weltraum
Dr. Hans Straßl, Bonn
Bemerkenswerte Doppelsterne und das Problem der Sternentwicklung
1954, 70 Seiten, 8 Abb., kartoniert, DM 3,60

HEFT 27
Prof. Dr. Heinrich Behnke, Münster
Der Strukturwandel der Mathematik in der ersten Hälfte des 20. Jahrhunderts
Prof. Dr. Emanuel Sperner, Hamburg
Eine mathematische Analyse der Luftdruckverteilungen in großen Gebieten
1956, 96 Seiten, 12 Abb., 5 Tab., kartoniert, DM 5,—

HEFT 28
Prof. Dr. Oskar Niemczyk, Aachen
Die Problematik gebirgsmechanischer Vorgänge im Steinkohlenbergbau
Prof. Dr. Wilhelm Ahrens, Krefeld
Die Bedeutung geologischer Forschung für die Wirtschaft, besonders in Nordrhein-Westfalen
1955, 96 Seiten, 12 Abb., kartoniert, DM 5,25

HEFT 29
Prof. Dr. Bernhard Rensch, Münster
Das Problem der Residuen bei Lernleistungen
Prof. Dr. Hermann Fink, Köln
Über Leberschäden bei der Bestimmung des biologischen Wertes verschiedener Eiweiße von Mikroorganismen
1954, 96 Seiten, 23 Abb., kartoniert, DM 5,25

HEFT 30
Prof. Dr.-Ing. Friedrich Seewald, Aachen
Forschungen auf dem Gebiete der Aerodynamik
Prof. Dr.-Ing. Karl Leist, Aachen
Einige Forschungsarbeiten aus der Gasturbinentechnik
1955, 98 Seiten, 45 Abb., kartoniert, DM 7,—

HEFT 31
Prof. Dr.-Ing. Dr. h. c. Fritz Mietzsch, Wuppertal
Chemie und wirtschaftliche Bedeutung der Sulfonamide
Prof. Dr. Dr. h. c. Gerhard Domagk, Wuppertal
Die experimentellen Grundlagen der bakteriellen Infektionen
1954, 82 Seiten, 2 Abb., kartoniert, DM 4,—

HEFT 32
Prof. Dr. Hans Braun, Bonn
Die Verschleppung von Pflanzenkrankheiten und -schädigungen über die Welt
Prof. Dr. Wilhelm Rudorf, Voldagsen
Der Beitrag von Genetik und Züchtung zur Bekämpfung von Viruskrankheiten der Nutzpflanzen
1953, 88 Seiten, 36 Abb., kartoniert, DM 5,—

HEFT 33
Prof. Dr.-Ing. Volker Aschoff, Aachen
Probleme der elektroakustischen Einkanalübertragung
Prof. Dr.-Ing. Herbert Döring, Aachen
Erzeugung und Verstärkung von Mikrowellen
1954, 74 Seiten, 23 Abb., kartoniert, DM 4,30

HEFT 34
Geheimrat Prof. Dr. Dr. Rudolf Schenck, Aachen
Bedingungen und Gang der Kohlenhydratsynthese im Licht
Prof. Dr. Emil Lehnartz, Münster
Die Endstufen des Stoffabbaues im Organismus
1954, 80 Seiten, 11 Abb., kartoniert, DM 4,20

HEFT 35
Prof. Dr.-Ing. Hermann Schenck, Aachen
Gegenwartsprobleme der Eisenindustrie in Deutschland
Prof. Dr.-Ing. Eugen Piwowarsky †, Aachen
Gelöste und ungelöste Probleme im Gießereiwesen
1954, 110 Seiten, 67 Abb., kartoniert, DM 6,50

HEFT 36
Prof. Dr. Wolfgang Riezler, Bonn
Teilchenbeschleuniger
Prof. Dr. Gerhard Schubert, Hamburg
Anwendung neuer Strahlenquellen in der Krebstherapie
1954, 104 Seiten, 43 Abb., kartoniert, DM 7,—

HEFT 37
Prof. Dr. Franz Lotze, Münster
Probleme der Gebirgsbildung
Bergwerksdirektor Bergassessor a.D. G. Rauschenbach, Essen
Die Erhaltung der Förderungskapazität des Ruhrbergbaues auf lange Sicht
in Vorbereitung

HEFT 38
Dr. E. Colin Cherry, London
Kybernetik
Prof. Dr. Erich Pietsch, Clausthal-Zellerfeld
Dokumentation und mechanisches Gedächtnis — zur Frage der Ökonomie der geistigen Arbeit
1954, 108 Seiten, 31 Abb., kartoniert, DM 5,25

HEFT 39
Dr. Heinz Haase, Hamburg
Infrarot und seine technischen Anwendungen
Prof. Dr. Abraham Esau †, Aachen
Ultraschall und seine technischen Anwendungen
1955, 80 Seiten, 25 Abb., kartoniert, DM 4,80

HEFT 40
Bergassessor Fritz Lange, Bochum-Hordel
Die wirtschaftliche und soziale Bedeutung der Silikose im Bergbau
Prof. Dr. Walter Kikuth, Düsseldorf
Die Entstehung der Silikose und ihre Verhütungsmaßnahmen
1954, 120 Seiten, 40 Abb., kartoniert, DM 7,25

HEFT 40a
Prof. Dr. Eberhard Gross, Bonn
Berufskrebs und Krebsforschung
Prof. Dr. Hugo Wilhelm Knipping, Köln
Die Situation der Krebsforschung vom Standpunkt der Klinik
1955, 88 Seiten, 31 Abb., kartoniert, DM 5,—

HEFT 41
Direktor Dr.-Ing. Gustav-Victor Lachmann, London
An einer neuen Entwicklungsschwelle im Flugzeugbau
Direktor Dr.-Ing. A. Gerber, Zürich-Oerlikon
Stand der Entwicklung der Raketen- und Lenktechnik
1955, 88 Seiten, 44 Abb., kartoniert, DM 6,—

HEFT 42
Prof. Dr. Theodor Kraus, Köln
Lokalisationsphänomene und Raumordnung vom Standpunkt der geographischen Wissenschaft
Direktor Dr. Fritz Gummert, Essen
Vom Ernährungsversuchsfeld der Kohlenstoffbiologischen Forschungsstation Essen
in Vorbereitung

HEFT 42a
Prof. Dr. Dr. h. c. Gerhard Domagk, Wuppertal
Fortschritte auf dem Gebiet der experimentellen Krebsforschung
1954, 46 Seiten, kartoniert, DM 2,—

HEFT 43
Prof. Giovanni Lampariello, Rom
Über Leben und Werk von Heinrich Hertz
Prof. Dr. Walter Weizel, Bonn
Über das Problem der Kausalität in der Physik
1955, 76 Seiten kartoniert, DM 3,30

HEFT 43a
Prof. Dr. José Mª Albareda, Madrid
Die Entwicklung der Forschung in Spanien
in Vorbereitung

HEFT 44
Prof. Dr. Burckhardt Helferich, Bonn
Über Glykoside
Prof. Dr. Fritz Micheel, Münster
Kohlenhydrat-Eiweiß-Verbindungen und ihre biochemische Bedeutung
in Vorbereitung

HEFT 45
Prof. Dr. John von Neumann, Princeton, USA
Entwicklung und Ausnutzung neuerer mathematischer Maschinen
Prof. Dr. E. Stiefel, Zürich
Rechenautomaten im Dienste der Technik mit Beispielen aus dem Züricher Institut für angewandte Mathematik
1955, 74 Seiten, 6 Abb., kartoniert, DM 3,50

HEFT 46
Prof. Dr. Wilhelm Weltzien, Krefeld
Ausblick auf die Entwicklung synthetischer Fasern
Prof. Dr. Walther Hoffmann, Münster
Wachstumsformen der Industriewirtschaft
in Vorbereitung

HEFT 47
Staatssekretär Prof. Leo Brandt, Düsseldorf
Die praktische Förderung der Forschung in Nordrhein-Westfalen
Prof. Dr. Ludwig Raiser, Bad Godesberg
Die Förderung der angewandten Forschung durch die Deutsche Forschungsgemeinschaft
in Vorbereitung

HEFT 48
Dr. Hermann Tromp, Rom
Bestandsaufnahme der Wälder der Welt als internationale und wissenschaftliche Aufgabe
Prof. Dr. Franz Heske, Schloß Reinbek
Die Wohlfahrtswirkungen des Waldes als internationales Problem
in Vorbereitung

HEFT 49
Präsident Dr. G. Böhnecke, Hamburg
Zeitfragen der Ozeanographie
Reg.-Direktor Dr. H. Gabler, Hamburg
Nautische Technik und Schiffssicherheit
1955, 120 Seiten, 49 Abb., kartoniert, DM 7,50

HEFT 50
Prof. Dr.-Ing. Friedrich A. F. Schmidt, Aachen
Probleme der Selbstzündung und Verbrennung bei der Entwicklung der Hochleistungskraftmaschinen
Prof. Dr.-Ing. A. W. Quick, Aachen
Ein Verfahren zur Untersuchung des Austauschvorganges in verwirbelten Strömungen hinter Körpern mit abgelöster Strömung
in Vorbereitung

HEFT 51
Prof. Dr. Siegfried Strugger, Münster
Struktur, Entwicklungsgeschichte und Physiologie der Chloroplasten
Direktor Dr. J. Pätzold, Erlangen
Therapeutische Anwendung mechanischer und elektrischer Energie
in Vorbereitung

HEFT 52
Mr. Patmore, London
Lufttüchtigkeit und technische Prüfung der Flugzeuge in England
Prof. A. D. Young, Cranfield
Die Ausbildung des Ingenieurnachwuchses auf dem Luftfahrtgebiet in England

JAHRESFEIER 1955
Prof. Dr. Josef Pieper, Münster
Über den Philosophie-Begriff Platons
Prof. Dr. Walter Weizel, Bonn
Die Mathematik und die physikalische Realität
1955, 62 Seiten, kartoniert, DM 2,90

HEFT 52a
Dr. D. C. Martin, London
Geschichte und Organisation der Royal Society
Dr. Roux, Südafrika
Probleme der wissenschaftlichen Forschung in der Südafrikanischen Union
in Vorbereitung

HEFT 53
Prof. Dr.-Ing. Georg Schnadel, Hamburg
Forschungsaufgaben zur Untersuchung der Festigkeitsprobleme im Schiffsbau
Prof. Dipl.-Ing. Wilhelm Sturtzel, Duisburg
Forschungsaufgaben zur Untersuchung der Widerstandsprobleme im Schiffsbau
in Vorbereitung

HEFT 53a
Prof. Giovanni Lampariello, Rom
Von Galilei zu Einstein
1956, 92 Seiten, kartoniert, DM 4,20

HEFT 54
Prof. Dr. Julius Bartels, Göttingen
Sonne und Erde — das Thema des internationalen geophysikalischen Jahres
Direktor Dr. Walter Dieminger, Lindau/Harz
Ionosphäre und drahtloser Weitverkehr
in Vorbereitung

HEFT 54a
Sir John Cockcroft, London
Die friedliche Anwendung der Kernenergie
in Vorbereitung

HEFT 55
Prof. Dr.-Ing. Fritz Schultz-Grunow, Aachen
Das Kriechen und Fließen hochzäher und plastischer Stoffe
Prof. Dr.-Ing. Hans Ebner, Aachen
Wege und Ziele der Festigkeitsforschung besonders im Hinblick auf den Leichtbau
in Vorbereitung

WESTDEUTSCHER VERLAG · KÖLN UND OPLADEN

HEFT 56
Prof. Dr. Ernst Derra, Düsseldorf
Der Entwicklungsstand der Herzchirurgie
Prof. Dr. Gunther Lehmann, Dortmund
Muskelarbeit und Muskelermüdung in Theorie und Praxis
in Vorbereitung

HEFT 57
Prof. Dr. Theodor von Kármán, Pasadena
Freiheit und Organisation in der Luftfahrtforschung
in Vorbereitung

HEFT 58
Prof. Dr. Fritz Schröter, Ulm
Neue Forschungs- und Entwicklungsrichtungen im Fernsehen
Prof. Dr. Albert Narath, Berlin
Der gegenwärtige Stand der Filmtechnik
in Vorbereitung

HEFT 59
Prof. Dr. Richard Courant, New York
Die Bedeutung der modernen mathematischen Rechenmaschinen für mathematische Probleme der Hydrodynamik und Reaktortechnik
Prof. Dr. Ernst Peschl, Bonn
Die Rolle der komplexen Zahlen in der Mathematik und die Bedeutung der komplexen Analysis
in Vorbereitung

VERÖFFENTLICHUNGEN DER ARBEITSGEMEINSCHAFT FÜR FORSCHUNG DES LANDES NORDRHEIN-WESTFALEN

GEISTESWISSENSCHAFTEN

Im Auftrage des Ministerpräsidenten Fritz Steinhoff
herausgegeben von Staatssekretär Prof. Leo Brandt

HEFT 1
Prof. Dr. Werner Richter, Bonn
Die Bedeutung der Geisteswissenschaften für die Bildung unserer Zeit
Prof. Dr. Joachim Ritter, Münster
Die aristotelische Lehre vom Ursprung und Sinn der Theorie
1953, 64 Seiten, kartoniert, DM 2,90

HEFT 2
Prof. Dr. Josef Kroll, Köln
Elysium
Prof. Dr. Günther Jachmann, Köln
Die vierte Ekloge Vergils
1953, 72 Seiten, kartoniert, DM 2,90

HEFT 3
Prof. Dr. Hans Erich Stier, Münster
Die klassische Demokratie
1954, 100 Seiten, kartoniert, DM 4,50

HEFT 4
Prof. Dr. Werner Caskel, Köln
Lihyan und Lihyanisch. Sprache und Kultur eines früharabischen Königreiches
1954, 168 Seiten, 6 Abb., kartoniert, DM 8,25

HEFT 5
Prof. Dr. Thomas Ohm, Münster
Stammesreligionen im südlichen Tanganyika-Territorium
1953, 80 Seiten, 25 Abb., kartoniert, DM 8,—

HEFT 6
Prälat Prof. Dr. Dr. h. c. Georg Schreiber, Münster
Deutsche Wissenschaftspolitik von Bismarck bis zum Atomwissenschaftler Otto Hahn
1954, 102 Seiten, 7 Bilder, kartoniert, DM 5,—

HEFT 7
Prof. Dr. Walter Holtzmann, Bonn
Das mittelalterliche Imperium und die werdenden Nationen
1953, 28 Seiten, kartoniert, DM 1,30

HEFT 8
Prof. Dr. Werner Caskel, Köln
Die Bedeutung der Beduinen in der Geschichte der Araber
1954, 44 Seiten, kartoniert, DM 2,—

HEFT 9
Prälat Prof. Dr. Dr. h. c. Georg Schreiber, Münster
Irland im deutschen und abendländischen Sakralraum

HEFT 10
Prof. Dr. Peter Rassow, Köln
Forschungen zur Reichsidee im 16. und 17. Jahrhundert
1955, 32 Seiten, kartoniert, DM 1,50

HEFT 11
Prof. Dr. Hans Erich Stier, Münster
Roms Aufstieg zur Weltherrschaft
in Vorbereitung

HEFT 12
Prof. Dr. Karl Heinrich Rengstorf, Münster
Mann und Frau im Urchristentum
Prof. Dr. Hermann Conrad, Bonn
Grundprobleme einer Reform des Familienrechts
1954, 106 Seiten, kartoniert, DM 4,50

HEFT 13
Prof. Dr. Max Braubach, Bonn
Der Weg zum 20. Juli 1944
1953, 48 Seiten, kartoniert, DM 2,20

HEFT 14
Prof. Dr. Paul Hübinger, Münster
Das deutsch-französische Verhältnis und seine mittelalterlichen Grundlagen
in Vorbereitung

HEFT 15
Prof. Dr. Franz Steinbach, Bonn
Der geschichtliche Weg des wirtschaftenden Menschen in die soziale Freiheit und politische Verantwortung
1954, 76 Seiten, kartoniert, DM 2,90

HEFT 16
Prof. Dr. Josef Koch, Köln
Die Ars coniecturalis des Nikolaus von Cues
1956, 56 Seiten, 2 Abb., kartoniert, DM 2,90

HEFT 17
Prof. Dr. James Conant,
US-Hochkommissar für Deutschland
Staatsbürger und Wissenschaftler
Prof. D. Karl Heinrich Rengstorf, Münster
Antike und Christentum
1953, 48 Seiten, 2 Abb., kartoniert, DM 2,90

HEFT 18
Prof. Dr. Richard Alewyn, Köln
Klopstocks Publikum
in Vorbereitung

HEFT 19
Prof. Dr. Fritz Schalk, Köln
Das Lächerliche in der französischen Literatur des Ancien Régime
1954, 42 Seiten, kartoniert, DM 2,—

HEFT 20
Prof. Dr. Ludwig Raiser, Bad Godesberg
Rechtsfragen der Mitbestimmung
1954, 48 Seiten, kartoniert, DM 2,—

HEFT 21
Prof. D. Martin Noth, Bonn
Das Geschichtsverständnis der alttestamentlichen Apokalyptik
1953, 36 Seiten, kartoniert, DM 1,60

HEFT 22
Prof. Dr. Walter F. Schirmer, Bonn
Glück und Ende des Könige in Shakespeares Historien
1954, 32 Seiten, kartoniert, DM 1,50

HEFT 23
Prof. Dr. Günther Jachmann, Köln
Der homerische Schiffskatalog und die Ilias
in Vorbereitung

HEFT 24
Prof. Dr. Theodor Klauser, Bonn
Die römischen Petrustraditionen im Lichte der neuen Ausgrabungen unter der Peterskirche
in Vorbereitung

HEFT 25
Prof. Dr. Hans Peters, Köln
Die Gewaltentrennung in moderner Sicht
1955, 48 Seiten, kartoniert, DM 2,20

HEFT 26
Prof. Dr. Fritz Schalk, Köln
Calderon und die Mythologie
in Vorbereitung

HEFT 27
Prof. Dr. Josef Kroll, Köln
Vom Leben geflügelter Worte
in Vorbereitung

WESTDEUTSCHER VERLAG · KÖLN UND OPLADEN

HEFT 28
Prof. Dr. Thomas Ohm, Münster
Die Religionen in Asien
  1954, 50 Seiten, 4 Abb., kartoniert, DM 5,—

HEFT 29
Prof. Dr. Johann Leo Weisgerber, Bonn
Die Ordnung der Sprache im persönlichen und öffentlichen Leben
  1955, 64 Seiten, kartoniert, DM 2,90

HEFT 30
Prof. Dr. Werner Caskel, Köln
Entdeckungen in Arabien
  1954, 44 Seiten, kartoniert, DM 2,—

HEFT 31
Prof. Dr. Max Braubach, Bonn
Entstehung und Entwicklung der landesgeschichtlichen Bestrebungen und historischen Vereine im Rheinland
  1955, 32 Seiten, kartoniert, DM 1,60

HEFT 32
Prof. Dr. Fritz Schalk, Köln
Somnium und verwandte Wörter in den romanischen Sprachen
  1955, 48 Seiten, 3 Abb., kartoniert, DM 2,50

HEFT 33
Prof. Dr. Friedrich Dessauer, Frankfurt a. M.
Erbe und Zukunft des Abendlandes
  in Vorbereitung

HEFT 34
Prof. Dr. Thomas Ohm, Münster
Ruhe und Frömmigkeit
  1955, 128 Seiten, 30 Abb., kartoniert, DM 8,—

HEFT 35
Prof. Dr. Hermann Conrad, Bonn
Die mittelalterliche Besiedlung des deutschen Ostens und das Deutsche Recht
  1955, 40 Seiten, kartoniert, DM 2,—

HEFT 36
Prof. Dr. Hans Schommodau, Köln
Die religiösen Dichtungen Margaretes von Navarra
  1955, 172 Seiten, kartoniert, DM 7,20

HEFT 37
Prof. Dr. Herbert von Einem, Bonn
Der Mainzer Kopf mit der Binde
  1955, 88 Seiten, 40 Abb., kartoniert, DM 6,—

HEFT 38
Prof. Dr. Joseph Höffner, Münster
Statik und Dynamik in der scholastischen Wirtschaftsethik
  1955, 48 Seiten, kartoniert, DM 2,20

HEFT 39
Prof. Dr. Fritz Schalk, Köln
Diderots Essai über Claudius und Nero
  in Vorbereitung

HEFT 40
Prof. Dr. Gerhard Kegel, Köln
Probleme des internationalen Enteignungs- und Währungsrechts
  in Vorbereitung

HEFT 41
Prof. Dr. Johann Leo Weisgerber, Bonn
Die Grenzen der Schrift — Der Kern der Rechtschreibreform
  1955, 72 Seiten, kartoniert, DM 3,25

HEFT 42
Prof. Dr. Richard Alewyn, Köln
Von der Empfindsamkeit zur Romantik
  in Vorbereitung

HEFT 43
Prof. Dr. Theodor Schieder, Köln
Die Probleme des Rapallo-Vertrages 1922
  in Vorbereitung

HEFT 44
Prof. Dr. Andreas Rumpf, Köln
Stilphasen der spätantiken Kunst
  in Vorbereitung

HEFT 45
Dr. Ulrich Luck, Münster
Kerygma und Tradition in der Hermeneutik Adolf Schlatters
  1955, 136 Seiten, kartoniert, DM 6,15

HEFT 46
Prof. Dr. Walther Holtzmann, Rom
Das Deutsche Historische Institut in Rom
Prof. Dr. Graf Wolff Metternich, Rom
Die Bibliotheca Hertziana und der Palazzo Zuccari
  1955, 68 Seiten, 7 Abb., kartoniert, DM 3,50

JAHRESFEIER 1955
Prof. Dr. Josef Pieper, Münster
Über den Philosophie-Begriff Platons
Prof. Dr. Walter Weizel, Bonn
Die Mathematik und die physikalische Realität
  1955, 62 Seiten, kartoniert, DM 2,90

HEFT 47
Prof. Dr. Harry Westermann, Münster
Person und Persönlichkeit im Zivilrecht
  in Vorbereitung

HEFT 48
Prof. Dr. Johann Leo Weisgerber, Bonn
Die Namen der Ubier
  in Vorbereitung

HEFT 49
Prof. Dr. Friedrich Karl Schumann, Münster
Mythos und Technik   *in Vorbereitung*

HEFT 50
Prof. Dr. Wolfgang Schöne, Hamburg
Raffaels Sixtinische Madonna
  in Vorbereitung

HEFT 51
Prälat Prof. Dr. Dr. h. c. Georg Schreiber, Münster
Der Bergbau in Geschichte, Ethos und Sakralkultur
  in Vorbereitung

HEFT 52
Prof. Dr. Hans J. Wolff, Münster
Die Rechtsgestalt der Universität
  in Vorbereitung

HEFT 53
Prof. Dr. Heinrich Vogt, Bonn
Schadenersatzprobleme im Verhältnis von Haftungsgrund und Schaden
  in Vorbereitung

HEFT 54
Prof. Dr. Max Braubach, Bonn
Der Einmarsch der deutschen Truppen in die entmilitarisierte Zone am Rhein im März 1936. Ein Beitrag zur Vorgeschichte des zweiten Weltkrieges
  in Vorbereitung

HEFT 55
Prof. Dr. Herbert von Einem, Bonn
Die Menschwerdung Christi des Isenheimer Altars
  in Vorbereitung

HEFT 56
Prof. Dr. E. J. Cohn, London
Der englische Gerichtstag
  in Vorbereitung

HEFT 57
Dr. Albert Woopen, Aachen
Die Zivilehe und der Grundsatz der Unauflöslichkeit der Ehe in der Entwicklung des italienischen Zivilrechts
  1956, 88 Seiten, kartoniert, DM 4,—

If you have any concerns about our products,
you can contact us on
ProductSafety@springernature.com

In case Publisher is established outside the EU,
the EU authorized representative is:
**Springer Nature Customer Service Center GmbH
Europaplatz 3, 69115 Heidelberg, Germany**

Printed by Libri Plureos GmbH
in Hamburg, Germany